高等院校艺术设计专业精品系列教材

"互联网+"新形态立体化教学资源特色教材

软装设计

覃小婷　吴展鹏　**编著**

中国轻工业出版社

图书在版编目（CIP）数据

软装设计 / 覃小婷，吴展鹏编著. —北京：中国轻工业出版社，2023.11

ISBN 978-7-5184-3933-1

Ⅰ.①软… Ⅱ.①覃… ②吴… Ⅲ.①室内装饰设计 Ⅳ.①TU238.2

中国版本图书馆CIP数据核字（2022）第054126号

责任编辑：李　红　　责任终审：李建华　　整体设计：锋尚设计

策划编辑：王　淳　李　红　　责任校对：吴大朋　　责任监印：张　可

出版发行：中国轻工业出版社（北京东长安街6号，邮编：100740）

印　　刷：艺堂印刷（天津）有限公司

经　　销：各地新华书店

版　　次：2023年11月第1版第1次印刷

开　　本：889×1194　1/16　印张：7.5

字　　数：220千字

书　　号：ISBN 978-7-5184-3933-1　定价：49.80元

邮购电话：010-65241695

发行电话：010-85119835　传真：85113293

网　　址：http://www.chlip.com.cn

Email：club@chlip.com.cn

如发现图书残缺请与我社邮购联系调换

200856J1X101ZBW

习近平总书记在党的二十大报告中强调：教育、科技、人才是全面建设社会主义现代化国家的基础性、战略性支撑。随着国家“双一流”建设的推动，形成了以建设世界一流大学和一流学科为战略性目标的未来教育发展之路。

在党的二十大精神和新发展格局下，我国国民生活水平不断提高，人们对环境设计的要求也会越来越高。在中国式现代化全面推进中华民族伟大复兴的历史时期，作为环境艺术设计专业的学生不仅要注重增强专业能力和培养创新思维，还要积极参与社会实践活动，把课堂知识与实际的设计、施工紧密结合，努力把自己打造成“一毕业，就能干”的社会主义现代化建设的承担者。

软装设计需要根据用户的要求和所处环境，运用相应的视觉审美原则，将色彩、质地、肌理不同的材料加工成软装陈设品，将先进的审美理念与加工技术融合起来，应用在设计中，创造出功能合理、价格公道的软装环境，满足人们物质和精神生活需要的生产、生活空间。软装设计逐渐渗透到环境设计与消费行业中，但是目前软装设计与室内设计并没有完全区分开，只有少数设计企业，拥有自己的软装设计品牌与独立的软装设计师，更多设计、工程企业是由室内设计师帮助选购软装饰品，为投资方提供设计建议。

软装设计一般以高端消费群体为主，许多设计师与消费者对独立的软装设计知识认知较少，软装属于独立出来的新型设计门类，设计行业内缺少特别专业的软装设计师，能够培养专业软装设计师的培训机构也很少。因此，目前我国高校正在积极开展软装设计课程建设，有利于缓解软装设计人才人员稀缺的现象。

软装设计是相对硬装设计而言的，包含环境设计、空间构成、陈设艺术、材料搭配、意境体验、个性宣扬等多方面内容。软装设计主要包括家具、装饰画、灯饰、布艺、绿植、装饰摆件等设计元素，是根据消费者兴趣爱好、生活习惯、经济条件等进行整体策划，从色彩、材质、造型多角度入手，赋予空间更多的内涵，体现出建筑环境的个性与品位。

软装设计是对空间环境美学的二次创造，在室内设计“轻装修、重装饰”的趋势下，“轻装修”并不是意味着轻视装修，在硬件上偷工减料，以次充好，而是应避免生硬地堆砌材料，以免造成铺张浪费。“重装饰”是通过各种软装饰品对空间进行点缀，完善空间设计的缺陷，打造出消费者的个性。

本书在编写中加入了全新的设计元素，精选优秀设计案例并深入解析，对重要的知识点深度剖析，将设计理论付诸实践，力求提升读者的设计实践能力，增强读者的动手能力与构思能力。

编　者

第一章　软装设计概述

第一节　什么是软装设计 001
第二节　软装设计的分类形式 005
第三节　软装时尚潮流发展 007
第四节　经典软装设计案例赏析 009
课后练习 011

第二章　如何成为软装设计师

第一节　软装设计全套流程 012
第二节　软装设计的原则 014
第三节　软装设计的搭配技巧 017
第四节　现代软装设计师的职责 020
第五节　现代时尚软装设计案例赏析 021
课后练习 024

第三章　软装设计详解：风格篇

第一节　现代简约风格 025
第二节　欧式风格 027
第三节　地中海风格 028
第四节　田园风格 031
第五节　东南亚风格 033
第六节　日式风格 037
第七节　新中式风格 039

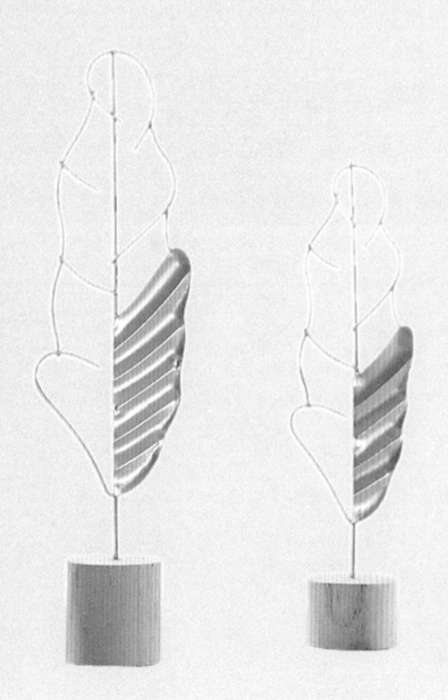

软装风格案例赏析（二维码）042
课后练习 043

第四章　软装设计详解：色彩篇

第一节　软装色彩设计的搭配原则 044
第二节　不同空间中软装色彩的应用 048
第三节　细部空间的色彩搭配 051
第四节　国际软装色彩的发展趋势 052
软装色彩搭配案例赏析（二维码）055
课后练习 056

第五章　软装设计详解：家具篇

第一节　住宅空间家具陈设 057
第二节　娱乐空间家具陈设 064
第三节　餐饮空间家具陈设 066
第四节　休闲空间家具陈设 068
第五节　办公空间家具陈设 070
家具陈设与软装案例赏析（二维码）072
课后练习 073

第六章　软装设计详解：布艺篇

第一节　布艺装饰的作用 074
第二节　窗帘布艺的选配 076
第三节　餐桌布艺的布置技巧 078
第四节　抱枕产品的混搭妙招 080
第五节　地毯的选用与铺装 083
第六节　床上用品的搭配方法 086
布艺软装陈设案例赏析（二维码）088
课后练习 088

第七章　软装设计详解：饰品篇

第一节　创意摆件的应用 089
第二节　书画艺术品的选择 091
第三节　绿植花艺的布置 092
第四节　灯饰灯具的搭配 094
第五节　软装饰品选配案例赏析 096
课后练习 099

第八章　软装配饰制作方法

第一节　软装工艺品的制作基础 100
第二节　软装配饰制作 102
第三节　饰品的保养方法 111
课后练习 113

参考文献 114

第一章

软装设计概述

学习难度：★☆☆☆☆
重点概念：定义、分类、优势、发展趋势、时尚元素

PPT 课件

章节导读

软装设计是对住宅空间、公共空间、商业空间内可移动元素的总称，近几年，软装行业迅速升温，不少高校开设了软装设计课程，将其从室内设计中独立出来，而软装在市面上也形成了单独的时尚产业，到底什么才是软装设计呢？在本书的第一章中，将详细介绍软装设计的概念、特征，以及软装的重要性与时尚潮流发展趋势。

第一节　什么是软装设计

一、软装设计的概念

对商业空间与居住空间中所有可移动的元素进行设计，称为软装设计。软装的设计元素包括家具、装饰画、陶瓷、花艺绿植、窗帘布艺、灯饰、其他装饰摆件等。

“软装”即软装修、软装饰，是在居室完成装修之后添加的可更换元素，可以根据居室空间的大小、形状，主人的生活习惯、兴趣爱好和经济情况等，从整体上综合策划软装产品，通过对这些软装产品进行设计与整合，最终对空间按照一定的设计风格和效果进行软装搭配，使得整个空间和谐、温馨、漂亮（图1-1）。

二、什么是陈设设计

陈设也称为摆设、装饰，可以理解为对物品的陈列、摆设、布置、装饰等，是指用来美化或强化环境视觉效果的、具有观赏价值或文化意义的物品。当一件物品既具有美化环境的观赏价值，又具备自身的文化意义时，该物品才能称为陈设品（图1-2）。

1. 观赏性陈列

观赏性物品仅作为观赏陈列，不具备使用功能，它们或具有审美和装饰的作用，或具有文化和历史的意义，主要包括艺术品、部分高档工艺品等。

2. 实用性陈列

实用性物品具有特定的实用价值，又具有良好

图1-1：墙体、地板、梁柱、天花板，以及整装家具均属于装修范围中的硬装，有其固定的结构，它们是不可移动的。鲜花、灯具、装饰画等属于软装设计的范畴，软装元素都是可以移动的。

图1-1　现代中式风格软装设计

图1-2　陈设品

图1-2：字画、古董具有美化环境的作用，符合陈设品的观赏条件，各种创意小摆件为室内增添趣味，带有强烈的地域气息和文化蕴意。

的装饰效果，主要包括家具、家电、器皿、织物等（图1-3）。

3．历史性陈列

历史性陈列是指物品原先仅有使用功能，随着时间变化或地域变迁，这些物品丧失了使用功能，但它们的审美和文化价值得到了升值，因此而成为珍贵的陈设品。如远古时代的器皿、服饰甚至建筑构件等都可以成为具有历史意义的陈设品（图1-4）。

4．艺术加工品陈列

艺术加工品陈列可以分为两种：一种是仅有使用功能的物品，将它们按照形式美的法则进行组织构图，

图1-3　餐具器皿与鲜花装饰

图1-3：整齐摆放的餐具让人赏心悦目，集实用性与观赏性为一体，既具有使用价值，又能起到基本的装饰作用。

图1-4　老上海黑胶唱片机

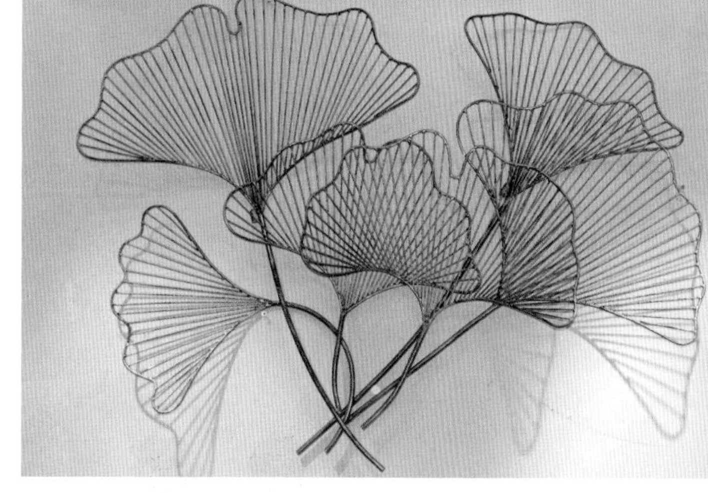

图1-5　废旧铁丝制作的装饰银杏叶

图1-4：具有历史沉淀的物品，其使用功能发生了改变，而审美价值得到了提升，因其质朴的特征成为人们的收藏品，寄托着怀旧之情。

图1-5：废旧的铁丝只能作为废品回收，价值很小，但许多拥有创新意识的手工业者将它们根据其颜色或造型拼合成了具有艺术感的作品，作为装饰品展示，别有一番风味。

构成装饰图案；另一种是既无观赏性，又没有使用价值的物品，在经过艺术加工后，成为陈设品（图1-5）。

三、软装设计的优势

1. 表现环境风格

环境空间的整体风格除了靠装修来塑造之外，后期的软装布置也非常重要，因为软装搭配的素材本身的造型、色彩、图案、质感等均具有一定的风格特征，对环境风格可以起到更好的表现作用（图1-6）。

2. 调节环境色彩

在现代室内设计中，软装饰品占据的面积比较大，家具占的面积大多超过了40%，其他如窗帘、

（a）北欧简约风格

（b）中式复古风格

图1-6　表现环境风格

图1-6（a）：北欧简约风格的软装饰品大多以纯色展示出来，布艺沙发的质感细腻，给人舒适自在的感受。

图1-6（b）：中式复古风格的家具质感醇厚，特有的装饰图案让人一眼就能识别，饰品的色彩独特且不易冲突。

床罩、装饰画等饰品的颜色，对整个空间色调有很大影响（图1-7）。

3. 营造环境氛围

软装设计对于营造空间环境的氛围，具有很好的作用。例如，欢快热烈的喜庆氛围、深沉睿智的理性氛围等，给人留下不同的印象（图1-8）。

4. 变换装饰风格

软装能够让环境空间随时跟上潮流，改变室内设计风格。例如，可以根据心情和四季变化，随时调整布艺、摆件、餐具、地毯等软装品（图1-9）。

图1-7（a）：粉色与金色打造出轻奢的气息，大幅面植物花色地毯透露出可爱、自然的感觉。

图1-7（b）：米黄色调的软装表现出温馨浪漫的风格，大面积的米黄色扑面而来，带来视觉冲击力。

图1-7（c）：深色的沙发表现出静谧、优雅、高档的环境氛围。

（a）轻奢可爱的软装设计

（b）温馨自然的软装设计

（c）优雅大气的软装设计

图1-7 调节环境色彩

图1-8（a）：咖啡厅是人们在工作间隙用来放松的地方，整体风格的软装饰品应该简洁清新，不必过于累赘，可尝试浅色调设计，并搭配浅色调陈设品。

图1-8（b）：餐厅是聚会或就餐的地方，需要运用较为适当的颜色激起人们的食欲和归属感。

（a）咖啡厅

（b）餐厅

图1-8 营造环境氛围

图1-9（a）：暖色调的应用，会令人心生暖意，厚重的窗帘适合冬季的保暖需求，毛绒饰品能让室内环境看起来更加温暖、柔和。

图1-9（b）：清丽的绿色和蓝色适合春季，给人生机勃勃的自然之感。

（a）冬季软装搭配

（b）春季软装搭配

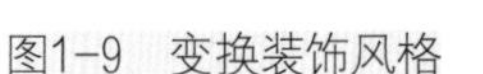

图1-9 变换装饰风格

第二节 软装设计的分类形式

一、按使用材料分类

软装饰品的种类繁多，按使用材料可以分为花艺、植物、布艺、铁艺、木艺、陶瓷、玻璃、玉石制品、骨制品、印刷品、塑料制品等，这些都属于传统材料，而玻璃钢、贝壳制品、合金属制品等工艺品，都属于新型材料装饰品（图1-10）。

二、按装饰品功能分类

按装饰品功能分类，主要有观赏性的软装陈设，如雕塑、绘画、纪念品等，此外，还有一些具有实用价值的软装陈设，如家电、家具，餐具、衣架、灯具、织物、器皿等（图1-11）。

（a）花艺装饰品

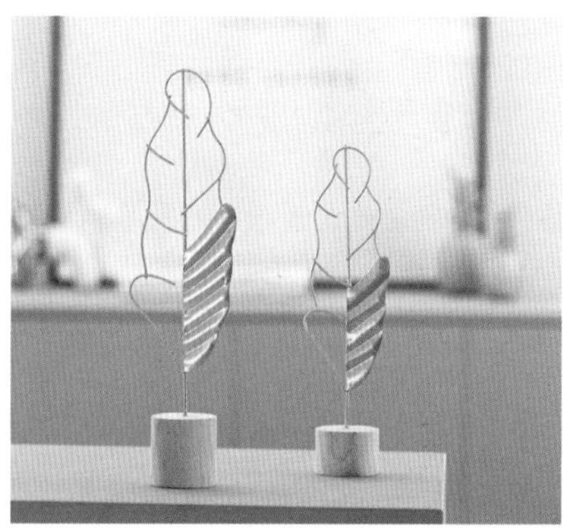

（b）铁艺装饰品

（c）陶瓷摆件

（d）布艺装饰品

（e）玻璃装饰品

（f）贝壳制品

图1-10　各种材料的装饰品

图1-10（a）：花艺的造型多样，不同的颜色、花束，呈现出不同的视觉观赏感受。

图1-10（b）：将铁丝弯曲制作成半虚半实的树叶摆件造型，其金属质感展现出别样风味。

图1-10（c）：陶瓷做成的动物造型，看起来十分憨厚可爱，镂空的造型也十分考验制作工艺。

图1-10（d）：布艺抱枕是常见软装品，其色彩和质感都能带来良好的触感与视觉美感。

图1-10（e）：玻璃制作的工艺品十分洁净明亮，金色纹路的仙人球与水果菠萝，在玻璃罩的衬托下，越发清新。

图1-10（f）：将贝壳做成风铃，装饰效果突出，仿佛微风吹过，风铃随风飘摇。

（a）装饰画

（b）雕塑

（c）灯具

图1-11 具有不同功能的装饰品

图1-11（a）：绘画作品一般价值较高，名人名画更是价值不菲。名画属于奢侈品，能大大提高室内空间的艺术品位。

图1-11（b）：雕塑作品放置于桌案或柜中，其精美工艺能很好地体现主人的品位。

图1-11（c）：灯具属于功能性装饰品，属于软装中不可忽视的细节设计，其光影效果观赏性高。

三、按收藏价值分类

软装设计中的收藏价值是指能增值的装饰品，如字画、古玩等。此类装饰品具有一定的工艺技巧和升值空间，其他无法升值的则属于非增值装饰品，例如，普通花瓶、相框、时尚摆件等（图1-12）。

（a）增值装饰品

（b）普通花瓶

（c）时尚摆件

图1-12 收藏价值分类

图1-12（a）：造型精美和存世稀少的瓷器，一般越是年代久远，其增值空间越大。

图1-12（b）：普通花瓶只是作为装饰品使用，没有增值价值。

图1-12（c）：时尚摆件是市场上容易买到的装饰品，对装点空间氛围有很好的作用。

第三节　软装时尚潮流发展

在个性化与人性化设计理念的深入发展中，必须处理好软装饰与室内空间的关系，创造出理想的室内环境。

一、时尚的谷仓门

谷仓门是导轨外置的推拉门，门型多样，无论怎样的装修风格，美式乡村或现代简约，再或者是奢华时尚，谷仓门都能消化掉，基本没有风格限制。除了常见的原木色、白色，在设计时不妨大胆采用亮色系谷仓门，提亮整体空间，凸显活泼个性（图1–13）。

二、浪漫的珊瑚色家具

珊瑚色凭借其先天具有天鹅绒般的视觉质感，在环境空间里看起来更明亮，暖色系也更显亲和力。如果空间中深色较多，不如选择珊瑚色作为家具色彩，在冷色系的灰、白色中，加入珊瑚色，梦幻和温暖的家居感也能被充分展现出来（图1–14）。

三、超火爆的Ins风格

Ins是指一款叫Instagram的手机软件（App）应用，用户可以在上面分享自己的照片，是近几年逐渐形成的一种特有的风格，设计师对这种清新、自然、复古、有格调的风格很追捧，也延伸出了Ins风格的室内空间（图1–15）。

Ins风格最主要的核心是简约，无论是从空间设计还是整体色系的搭配上，都以简约风格为主。另外，除了极简的风格之外，在装饰上，Ins风格还会运用到现代设计元素，如北欧风装饰、绿植等时尚元素。总之，Ins风格就是集合了北欧风+现代风+DIY+复古风等一体的综合风格。

图1–13　谷仓门

图1–14　珊瑚色木门

图1–13：谷仓门十分节省空间，风格不受限制，选择性也很多。但是，谷仓门的私密性较差，隔音性也较差，目前还没有在市场上普及，购买渠道大多是以网购为主。

图1–14：珊瑚色的木门作为点睛色，含蓄优雅却更耐人寻味，可以轻松点亮原本暗淡的空间角落，更具生机与个性。

图1-15 Ins风格装修装饰

图1-15：Ins风格的装修装饰在家具和软装配色上，可以大面积选择低饱和度的色彩或纯白色，干净利落的色调显得高级，也可以使用高饱和度的配饰来中和，打造不食人间烟火的冷淡风。

四、褶皱层次感设计

在现代室内设计中，充满线性主义的“褶皱层次感”是时尚流行设计趋势的经典元素之一，褶皱在时尚、艺术、软装等诸多领域都有出色的表现，主要应用于墙面设计，如餐厅、卧室或主客厅的背景墙，也可以用于家具设计。通过垂直的图案或纹理装饰出极具时尚感和设计感的空间（图1-16）。

（a）静谧、舒适的空间氛围

（b）延展空间

（c）简约、整洁的视觉效果

图1-16 褶皱的表现

图1-16（a）：垂直的纹理在设计巧妙的灯光照射下，呈现出完整而又不失变化的光影效果，烘托出静谧、舒适的空间氛围。

图1-16（b）：横向或纵向的褶皱能让空间得以延展，视觉效果更具连贯性。

图1-16（c）：简约、整洁的视觉效果是设计洗漱空间的精妙所在，褶皱的应用往往可以突出非常规性的表现。

第四节　经典软装设计案例赏析

一、温馨咖啡厅软装设计

咖啡厅设计要给顾客营造出一种温馨、私密的交流空间，给人留下深刻印象，才能进一步实现营销效果，而软装家具则是实现这一特殊功能的单体，通过软装家具的颜色和造型来营造咖啡厅的风格、分隔咖啡厅的空间功能、组织空间规划（图1–17、图1–18）。

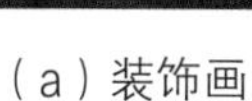
（a）装饰画

（b）软装风格

图1–17　咖啡厅的软装

图1–17（a）：墙上的装饰画，采用了复古的题材。木质桌子与铁质的椅子相结合，浪漫温馨的氛围很适合一人静静地看书或者与三五个朋友小聚。

图1–17（b）：咖啡厅的风格要靠氛围来营造，而墙面是氛围铺垫的重要因素。按照喜欢的风格，可以选择相应的颜色，也可以选择一些个性的材料，比如清水砖、文化石，或者墙面彩绘、照片墙。墙面装饰完成后，咖啡厅的情调已经成功塑造出一半了。

两个餐桌之间的隔断柜上，摆放着具有历史感的书籍，与整体软装氛围十分融洽。复古的灯塔摆件，十分经典。

想在咖啡厅勾出顾客的慢生活情怀，选择舒适而有温度的家具摆设非常重要。选择一些复古的、异域风格的软装饰品来装点咖啡厅，会让人们自然而然产生岁月静好的松弛感，让精神放松，让咖啡厅更有故事感。

图1–18　复古家具与摆件

二、田园式餐饮空间软装设计

该餐厅具有浓浓的农家风味，朴实自然的气息给人很强的亲切感，能让人回忆起童年时的趣事。餐厅软装饰在造型上常常以大统一、小变化为原则，协调统一、多样而不杂乱。在直线构成的餐厅空间中故意安排曲线形态的陈设或带有曲线图案的软装饰品，使用形态对比而产生生动的感受（图1-19）。

餐厅软装饰要能表达一定的思想内涵和精神文化，才能给客人留下深刻的印象。该餐厅以农家菜为特色，在其软装饰方面尽显其风味。

采用有一定体量的造型雕塑或者现代陶艺作品作为软装饰。

（a）农家风味餐厅

墙壁的玉米串成一串挂在墙上，令人想起丰收的秋季。

树下的木质桌椅看似随意摆放，实则有一定的规律。如此浓烈的农家氛围，好像人们正坐在乡村田野间用餐一般。

（b）玉米串装饰品

墙上的旧报纸使餐厅散发出陈旧年代的气息。

盘子被粘贴在墙上，并且花纹采用中国传统的青花，营造了一种浓浓的文化气息。

（c）旧报纸及盘子装饰品

图1-19　田园式餐饮空间设计

本章小结

本章通过对软装设计的概念、分类形式、发展趋势进行详细讲解，让读者对软装设计形成基础认知，了解了时尚软装发展趋势，有利于设计师捕捉时尚元素，软装设计能够跟随时尚潮流，设计出更多受大众欢迎的软装设计作品，更好地诠释软装对人们生活的重要作用。

课后练习

1. 什么是软装设计?
2. 如何快速识别软装与硬装?
3. 软装饰品的种类有哪些?
4. 软装设计的优势主要表现在哪些方面?
5. Ins风格兴起的原因是什么?
6. 软装设计的主要元素是什么？以表格的形式来分析。
7. 请分析软装与硬装在室内空间设计中所占的比重。
8. 讨论近两年软装设计的时尚趋势，举例1～2种流行软装元素。
9. 绘制某空间的软装设计方案，要求设计新颖，并写出设计说明。

第二章

如何成为软装设计师

学习难度：★★☆☆☆
重点概念：软装流程、设计原则、搭配技巧、设计师职责

PPT 课件

章节导读

室内设计师主要负责硬装设计，软装设计师专业做软装，侧重于营造环境氛围，需要根据设计需求与消费者的喜好，来营造美观实用的生活空间。一名优秀的软装设计师，应当有拿得出手的设计作品，独特的软装见解，良好的沟通能力，用实力来证明软装设计的品质。

第一节　软装设计全套流程

一、前期准备工作

1. 初步空间测量

上门考察设计空间，了解环境空间的硬装基础，测量空间尺寸，并现场拍摄记录，绘制空间基础平面图与主要立面图（图2-1）。

2. 与客户沟通

就室内空间动线、个人生活习惯与禁忌等方面与客户沟通，了解客户的生活方式及其对设计的需求，观察硬装现场的色彩搭配，指出软装设计方案的色彩倾向。

3. 初步创意设计构思

对现场环境与拍摄素材进行归纳分析，设计平面图草案，初步选择软装配饰，确定软装设计的风格、色彩、灯光等设计方向，选择家具、灯具、挂画等饰品。

4. 签订软装设计合同

与客户签订合同，确定好定制的价格和时间。尤其是定制家具部分，要确保厂家制作、发货的时间和到货时间，以免影响进行软装设计的时间。

二、中期方案设计

中期方案流程，如图2-2所示。

1. 二次现场考察

设计师带着初步创意设计构思再次来到设计现场，对环境空间和初步软装设计方案进行推敲，感受设计的合理性，对设计细节反复斟酌，并核实饰品尺寸。

（a）家具草图设计　　（b）室内陈设草图　　（c）软装搭配展示

图2-1　软装初步设计

图2-1（a）：对需要定制类的家具，先画好设计草图，激发设计师的想象力，将一切可以运用的因素放在图上。

图2-1（b）：通过对室内空间进行合理布局调整，设定初步的草图构思，将陈设品一一排列出来。正式的软装整体配饰设计方案，需要客户确认后更改。

图2-1（c）：做软装效果图。

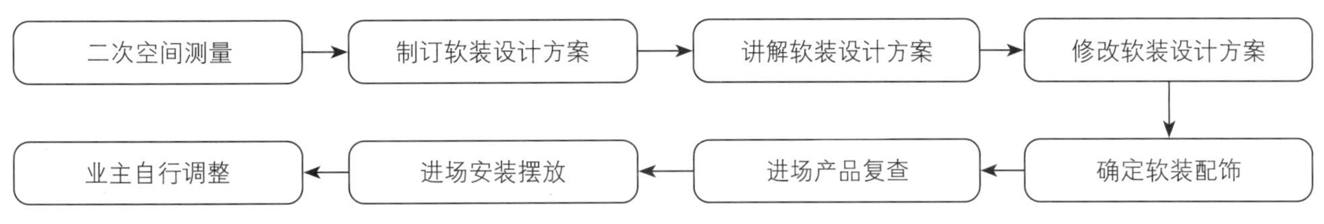

图2-2　中期方案流程

2. 制订软装设计方案

与客户沟通并达成一致，对软装配饰进行调整，确定各种软装配饰的价格与设计效果。为客户讲解软装设计方案，获取客户的反馈意见。

3. 修改软装设计方案

深入分析客户的意见，对设计方案进行调整。

4. 预算与核价

制定采购、制作预算，与软装配饰经销商或厂商核实价格。

5. 软装产品验收

在家具未上漆前到工厂验货，对材质、工艺验收，家具即将出厂或送到现场时，设计师要再次核实尺寸。

6. 安装摆放

设计师应亲自参与陈设品摆放，根据设计图进行组合摆放。

三、后期售后服务

软装配置完成后，应对软装的整体配饰进行保洁、回访、保修、勘察等服务，并为客户提供一份详细的配饰产品说明书，包括布艺清洗、摆件保养、绿植养护、家具维修等。下面以窗帘的保养为例（表2-1）。

表2-1 窗帘的保养事项

序号	保养方法
1	用湿布抹去灰尘，清洗窗帘前要注意窗帘的材质。窗帘绑带和配饰如果是手工编织的工艺品，用湿抹布或吹风机吹掉表面的灰尘即可，不用经常水洗
2	为避免窗帘缩水，清洗时的水温控制在30℃以下，忌用烈性洗涤剂
3	为避免混合染色，不同的面料要分开清洗
4	较薄的窗帘不宜使用洗衣机洗，以免损坏
5	罗马帘需干洗，因为罗马帘对窗型的尺寸要求比较严谨，水洗可能会产生变形或缩水
6	遮光布最好用湿布抹擦，洗衣机会把遮光布后面的涂层洗得斑斑点点
7	竹帘、木帘要预防潮湿的液体和气体，清洁时切忌用水，一般用鸡毛扫或干布清洁即可
8	卷帘、百叶窗、垂直帘、百折帘和风琴帘可直接用湿布抹去灰尘

第二节　软装设计的原则

一、统一原则

统一原则是利用家具、灯具、织物等陈设品，将室内环境形成一个整体，营造出统一和谐的空间氛围。

1. 色彩统一

在整体空间中选择同一色相，不同明度和纯度的色彩，形成室内色彩统一（图2-3）。此外，还可以用互补色关系进行设计，补色主要是通过色调的冷暖、明暗等因素来实现，使人感受到鲜明强烈的对

图2-3　陈设中的色彩统一

图2-3：统一色调的室内给人一种平和、安逸的感受，是室内设计优先选择的色彩系统。

比，但是仍保持色彩平衡关系（图2-4）。

2. 形态统一

形态统一主要运用在小件陈设艺术品上，利用大小、长短、粗细、方圆等统一造型的物体形态进行陈设品配搭（图2-5）。

3. 风格统一

风格统一是指选择统一风格的饰品，其实有鲜明艺术风格的物品本身就加强了空间的风格特性（图2-6）。

图2-4 陈设中的色彩互补

图2-4：补色之间的色彩十分均衡，色彩应用比单一色调的应用更具视觉冲击力，色彩的明暗关系更强烈。

图2-5 陈设中的形态统一

图2-5：圆滑、弧形的家具形态，没有尖锐的棱角，统一的造型，十分和谐。

图2-6 陈设中的风格统一

图2-6：选择家具时最好成套定制，或尽量挑选颜色、式样、格调较为一致的，以达到整体艺术风格的统一。

二、和谐原则

和谐可以理解为统一与对比，软装设计中多个要素具有共同性和融合性才能称为和谐。在环境空间中，人的视觉范围内有一个中心点，在设计中形成主次分明的层次感，对某一部分进行重点强调，可打破全局的单调感，使整个环境空间变得有朝气（图2-7）。

三、均衡原则

均衡性原则是指以某一点为中心，使得上下左右均衡。往往使用陈设品对称的原则来谋求空间的均衡之美。

1. 对称布局原则

对称布局的效果往往是严肃的、稳定的。例如，在餐厅中，陈设是以餐桌为轴心对称分布，无论是双人位、四人位，还是多人位，餐桌都是使用对称布局，方便就餐交流（图2-8）。

2. 非对称布局原则

非对称布局能营造出活泼的动态氛围，特别是北欧风格的室内陈设往往选择非对称布局。例如，在圆形的餐桌两边分别放置颜色不同、造型不同的椅子、凳子，达到一种均衡中的变化效果（图2-9）。

图2-7（a）：吊顶上一盏充满艺术感的吊灯足以显现整个空间的设计重点，在灯光的照射下，吊灯十分耀眼。

图2-7（b）：卧室的重点是床头背景墙，设计放置一幅画，或者一整面软包等，就足以显现卧室的设计重点。

（a）客厅设计重点

（b）卧室设计重点

图2-7 客厅、卧室的和谐感

图2-8 对称布局设计

图2-9 非对称布局设计

图2-8：整个空间中充满了对称形态，陈列品多以双数陈列，餐桌椅之间呈现出高度对称。

图2-9：非对称设计体现出强烈的变化，桌椅形式变化十分明显，卡座与桌椅结合，均衡了卡座的不易移动性，也牵制了单个座椅的可移动性，空间灵活性较强。

第三节　软装设计的搭配技巧

一、色彩搭配法

1. 色调配色法

色调可分为浅色调、深色调、冷色调、暖色调、无彩色调，利用两种或两种以上的色彩，有序、和谐地组织在一起时，这种配色形成的色调使人身心愉悦。

（1）浅色调。以色相中比较明亮的色彩为主而形成的色调，可以为空间内的小饰品、家具等增加明度的点缀色，达到丰富层次的效果，易形成雅致、洁净、温和的氛围［图2-10（a）］。

（2）深色调。以色相中明度、纯度较低的色彩为主形成的色调，可以利用明快、艳丽的点缀色，形成鲜明的对比关系，还可以利用灯具光源，来加强空间的色彩效果，形成神秘、雅致的空间氛围［图2-10（b）］。

（3）冷色调。以蓝色、绿色、紫色为主形成的色调，可以运用深浅不一的冷色调色彩搭配，达到渐变的空间效果，冷色带给人的生理反应是理性的，让人联想到寒冷的冬天、冰冷的大海等自然景物，一般应用在比较安静、清爽、空旷的场所［图2-10（c）］。

（4）暖色调。以红色、橙色、黄色为主形成的色调，往往应用在需要令人感受喜悦、冲动、欢乐、热情的场所，给人的感觉是热烈、欢快、喜悦，令人联想到温暖的太阳、炽热的火焰、热烈的情感，而感到无限温暖［图2-10（d）］。

（5）无彩色调。无彩色调是以黑、白、灰搭配的空间色彩氛围，人们往往为了突出其他色彩而选择无彩色。其形成的空间氛围比较理性，是个别群体喜欢选用的色调。

2. 对比配色法

利用两种或两种以上的色彩明度、灰度、彩度进行对比配色，一般分为明度对比、灰度对比、冷暖对比、补色对比。

（a）浅色调

（b）深色调

（c）冷色调

（d）暖色调

图2-10　色调

图2-10（a）：图中灰蓝色的沙发背景墙、米色沙发、白色茶几、原木色电视柜都属于浅色系设计，搭配色彩明亮的抱枕，丰富了空间层次感。

图2-10（b）：深色调的形成和光的控制是紧密结合的，是极好的视线引导方法。在深色调中加入白色与蓝色的抱枕作为点缀色，使整个空间焕发出活力。

图2-10（c）：以蓝绿色为主的卧室设计，容易让人感觉到宁静、自然。

图2-10（d）：橙色的沙发活力十足，十分亮眼，米色的地毯与背景墙十分温馨，黄色的花束在灯光的照耀下璀璨夺目，让人感觉明亮、温暖，给人欢快的感觉。

（1）明度对比。利用同色系中相距较远的色彩对比，形成大差别的空间效果，主要是倾向于黑白两极及极端色彩的配搭方法（图2-11）。

（2）灰度对比。是指色彩纯度上的对比，这种对比可以是同色相中灰度的对比，在色彩中加入白色或黑色，形成各级色彩的一种对比关系；也可以是纯度较高的色彩与黑、白、灰无彩色系之间的对比；还可以是一种纯度较高的色彩与其他低纯度色彩之间的对比（图2-12）。

（3）冷暖对比。指利用色彩带给人的不同心理感受来满足人们对空间的使用需求，可以利用这两种感觉的矛盾性进行室内陈设品的选择和配搭，塑造有魅力的个性空间（图2-13）。

（4）补色对比。三对最基本的补色关系：红与绿、橙与蓝、黄与紫。补色是冷暖对比中最为强烈的对比，可以产生比其他冷暖对比更强烈、更丰富的效果（图2-14）。

3. 风格配色法

运用风格配色法需要了解历史上或是不同地域某些风格约定俗成的配色规律，是利用室内装饰设计的规律，通过各种界面、家具、陈设等的造型设计、色彩组合、材质选择和空间布局，形成某种特征鲜明的

图2-11　明度对比

图2-12　灰度对比

图2-13　冷暖对比

图2-14　补色对比

图2-11：白色的墙壁与黑色的家具形成极端的色彩对比效果，以白色作为空间的背景色，黑色作为主体色或点缀色。

图2-12：深灰蓝的空间沉静、高贵、低调，于其中加入鲜活时尚的红色装饰，带动着空间的活力与热情。

图2-13：冷暖对比在室内陈设中存在矛盾性，冷色让人觉得有距离感，而暖色能让人感觉到温馨，在统一空间中运用冷暖色对比，效果明显。

图2-14：橙色与蓝色具有良好的互补效果，整个空间富有时尚气息，在补色对比设计中十分经典。

秩序，其风格特征的色彩特点就是我们所运用的配色原则，使人联想到这种风格的氛围，达到塑造空间风格的目的。

二、材料搭配法

在室内陈设设计中选择不同的材质构建，并按照这些材质自身的性能特点组成室内装饰，能够满足人们对室内装饰的功能要求以及人们对室内审美的要求，陈设材质的质感可以分为硬质和软质，硬质的材质有木材、金属等，软质的材质有地毯、织物、壁纸等（图2-15）。同一种材质因施工方式不同，可以得到不同的装饰效果，例如，平板玻璃与磨砂玻璃，它们因加工方式不一样，呈现出迥然不同的质感。

图2-15 硬质、软质材质

三、形态搭配法

形态搭配法是利用不同形态的对比或是相同形体的统一而形成的搭配原则，通过体量大小的区分、空间虚实的交替、构件排列的疏密、曲直等变化来实现的。例如，在选择小件陈设品时，可参考大件的家具形态，运用比拟或模仿手段，打造良好的空间软装效果（图2-16）。

四、风格搭配法

风格搭配法主要是利用各种风格特定的陈设要求来选择搭配。流行风格多种多样，可传递出具有亲切感的信息，也是陈设设计最容易掌握的手法。例如混搭风格，它是一种选取精华设计的设计再现（图2-17）。

图2-16 铁艺形态搭配

图2-17 混搭风格软装搭配

图2-16：拱形与直线等不同形态的黑色铁艺与金色装饰灯具，不同的装饰品各有各的形态，韵律感很强。

图2-17：人们将自己喜欢风格的经典饰品进行重新搭配，东西方文化的冲撞、戏剧化的表现，反而产生一种新的效果，令人欣喜，成为很多人喜爱的一种新风格。

第四节　现代软装设计师的职责

一、设计师的专业能力

1. 注重使用者的诉求

作为一名软装设计师，关注点不应仅在设计风格、主题上，更应该关注使用者在空间中的生活方式。任何设计都应该围绕“使用者”来进行，需要设计师根据使用者的使用习惯、身高、体重等因素，进行观察、表述，并最终演绎出符合使用者需求的诉求（图2-18）。

图2-18　日常的小件物品

图2-18：日常的小件物品摆设也需要秩序感和错落感，追求整体上是协调的，多而不杂，乱而有序。

2. 具备良好的沟通能力

软装设计师需要具备良好的沟通能力，了解对方的品位需求，才能针对这类型的客户做出相对的陈设设计。例如，沙发是经常用到的家具，要根据客户的习惯和爱好来进行挑选（图2-19）。

二、设计师的职业素养

1. 设计师的自信

设计师要以严谨的治学态度面对设计，不为个性而个性，不为设计而设计，具有良好的基本素质和高超的设计技能。例如，浴室的设计要考虑多方面因素，相对其他空间的设计要复杂一些，十分考验设计师的个人能力和解决问题的能力。

（a）单身公寓

（b）住宅客厅

图2-19　沙发的挑选

图2-19（a）：单身公寓的居住人数较少，双人沙发加座椅便能够满足日常居住、小聚的使用需求。

图2-19（b）：住宅的人数较多，对客厅沙发的数量要求较高，在满足美观性的要求下，尽可能多摆放沙发。

2. 设计师的职业道德

设计师的职业道德决定了其水平和能力，职业道德程度越高，其理解能力、权衡能力、辨别能力、协调能力、处事能力就越强，设计师应当注重个人修行。

3. 设计师的自我提升

设计师的自我提升必须在不断的学习和实践中进行，在设计中最关键的是新思维与新创意，好的创意需要学习、积累、孵化。

第五节　现代时尚软装设计案例赏析

一、时尚北欧风格软装搭配

厨房软装是整个厨房的灵魂元素，能赋予厨房更多的感染力与活力。好的软装是搭配美学基础，以循序渐进的设计方式，最终可展现出饱满又富有层次感的空间效果（图2-20～图2-24）。

在生活功能上，吊柜与地柜的组合设计，可将厨房的各种锅碗瓢盆收纳其中，让整个厨房宽敞、明亮，井井有条。

视觉中心点在空间中占有举足轻重的地位。这一款以雪域白为主色调的橱柜，选择了一款与整体风格相互呼应的瓷砖。

图2-20　家具组合

软装布置应遵循多样和统一的原则。花艺绿植、便笺手抄，恰巧与橱柜形成一个整体，营造出自然和谐、极具生命力的温馨之感。

图2-21　木质收纳壁挂

图2-22：筒灯最大特点就是能保持建筑装饰的整体统一与完美，不会因为灯具的设置而破坏吊顶艺术的完美统一性，可增加空间的柔和气氛。

图2-23：在厨房放置一把舒适的凳子，可以很好的缓解烹饪时的疲惫，让长时间站立的双脚得到充分的放松。

图2-22　嵌入式筒灯

图2-23　收纳凳

图2-24　北欧色系

二、高档酒店软装配饰

酒店作为商业场所，以其高级优雅的软装质感给人独特的享受。其存在价值在于商业利益，追求利润最大化。酒店软装设计的目的也是通过优质的酒店软装设计效果增加酒店自身的魅力，作为一张免费的“名片”，吸引客人光顾，增加收入，因此，酒店软装设计十分重要。

酒店的定位一定要明确，并在酒店建设内持之以恒的贯彻下去。从酒店的功能区、舒适度、管理便捷性等多方面对酒店进行定位，列出详细、可操作性强的清单与标准，对于避免错误，减少损失是十分有必要的。如果酒店定位于中高端星级酒店，那么就在预算上稍微放松。要知道最大的浪费是建好后不满意重新来过，这样的费用比开始就使用豪华材料要浪费得多（图2-25～图2-27）。

舒适度作为曼谷香格里拉酒店所有的客房首要标准，一切设施都以此为目标。酒店客房，将经典纽约风格与现代风情及舒适性完美融合，给人留下深刻的印象。

图2-25　泰国曼谷香格里拉酒店

图2-26　泰国风格客房

图2-27　浴室灯光

图2-25：香格里拉酒店外设有舒适的桌椅及特色小吃，绿植与灯光在夜色下相互辉映，加上浪漫的湖景，令人得到非凡的感官体验，是一个独特的休闲空间，能从人的感官出发，将实用与装饰相结合，酒店无论多么重视装饰效果，如何追求装饰上的“星级”，吸引客人眼球，实用性永远是基础，是绝对的核心。

图2-26：房间以传统泰国风格为主，包括丝绸与柚木装饰。

图2-27：整体灯光采用暖色调，很符合空间功能的特征。蜡烛与鲜花，独具浪漫的泳池引人注目。家具线条流畅，墙面自然纹饰，浮夸却不过度。

卧室是整套居室中最具私密性的房间，优雅的宝蓝色一向给人高贵清冷的感觉。卧室的设计重心就是床，空间的装修风格、色彩和装饰，一切都应以床为中心而展开。应该好好安排一下床在卧室中的位置，卧室设计的其余部分也就随之展开（图2-28、图2-29）。

褐色窗帘搭配白色的纱帘，温柔可爱。

铁艺壁挂，仿佛太阳悬挂在墙壁上。

多样的抱枕与灰白色的枕套床单搭配却不显杂乱。

一小块条纹编织地毯放置在床边落脚处，墨绿色为房间增添了亮色。

图2-28　卧室软装陈列

大小不一的陶瓷花瓶，参差摆放在床前的柜子上，宝蓝色的釉面与流线型的瓶身给人温婉舒适的感觉。

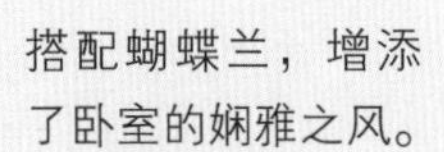

搭配蝴蝶兰，增添了卧室的娴雅之风。

图2-29　流线型花瓶

本章小结

软装赋予了建筑物新的使命，使建筑物散发出勃勃生机，作为建筑装饰的软装设计师对此功不可没。成为一名优秀的软装设计师，是每一个软装设计人的初衷。本章从软装设计师的角度出发，对软装的一般设计流程、设计原则、搭配方式、职业职责等方面进行了诠释，对新入行的软装设计师来说非常有帮助，能使其少走弯路，学习到更多软装设计实务。

课后练习

1. 简述软装设计的一般流程。
2. 简单介绍软装的保养方法。
3. 软装设计的原则有哪些?
4. 对称美主要表现在哪一种软装风格中?
5. 不对称美的设计手法与布局形式是什么?
6. 软装搭配技巧中，视觉效果最好的是哪一种?
7. 在软装设计流程中，最重要的一个环节是什么？简述理由。
8. 以图表展示出形态搭配法的表现形式。
9. 对比配色法是利用哪几种对比形式？对比配色的作用是什么?
10. 结合实际，请简要分析如何成为一名优秀的软装设计师。

第三章
软装设计详解：风格篇

学习难度：★★★☆☆
重点概念：配饰、搭配技巧、设计元素

PPT 课件

章节导读

软装设计必须对设计风格有一定的认知能力，尤其在与客户交流的过程中，要能够快速勾起客户的交谈欲望。了解软装风格，可以让设计师在软装搭配中不至于走弯路。

第一节　现代简约风格

一、搭配方式

简约风格形成于20世纪80年代中期，其以简洁的表现形式来满足人们对环境空间的多样化需求，强调简约、大方的设计理念，在设计中舍弃不必要的装饰元素，将设计的色彩、照明、原材料简约化（图3-1）。

二、软装陈设技巧

1. 家具

现代简约风格的家具通常线条简单，沙发、床、桌子一般为直线，造型简洁，强调功能，富含设计或哲学意味。

2. 灯具

灯具是体现现代简约风格最有力的手段，简约、另类、追求时尚是现代灯具的最大特点，色调上以白色、金属色居多，适合现代简约风格的装饰搭配（图3-2）。

3. 布艺

现代简约风格不宜选择花纹过重或颜色过深的布艺，应当选择一些浅色或简单大方的图形和线条修饰，赋予空间自然的格调（图3-3）。

4. 花艺

花艺常称为插花，花艺作品造型干净利落，能让观赏者感受到线条的力感与美感。线条简单呈几何图形的花器是花艺设计造型的首选，花卉色彩以单一色系为主，可选用高明度、高彩度，但不能太夸张（图3-4）。

5. 装饰画

现代简约风格可以选择抽象图案或几何图案的挂画，装饰画的颜色和空间的主体色调相同或接近比较好，颜色不能太复杂，必须注意视觉、颜色与格调的和谐，不然会影响人的心情，使其情绪压抑（图3-5）。

（a）留白设计

（b）对比设计

图3-1　简约风格

图3-1（a）：墙面、吊顶占据视觉比重较大的留白空间，减轻了视觉负担。每个装饰品都非常独特、精致，利用黑白组合，可以搭配出个性的视觉空间效果。

图3-1（b）：现代风格是以北欧风格为基础演变而来的，软装饰品的造型简洁，没有任何修饰，仅通过深浅对比强烈的色彩与木纹材质来表现。

图3-2　S形床头灯

图3-3　纯白色窗帘

图3-2：S形床头灯，创意感极强，灯体为铝制，比较牢固。

图3-3：纯白色的窗帘搭配浅灰色的床品，窗帘的褶皱增添了线条感，整体风格淡雅娴静。

图3-4 现代风格花艺作品

图3-5 人物线条装饰画

图3-4：造型不规则的陶瓷花器，多面立体，层次感强，其大理石纹路错落交织，韵味十足。

图3-5：三联画勾勒出人物的喜怒哀乐，用极简的线条，使装饰画与空间主体色调更和谐。

第二节 欧式风格

一、搭配方式

欧式风格在形式上以浪漫主义为基础，装饰材料常选用大理石、多彩织物、精美地毯、法国壁挂等，整个风格给人以豪华、大气、奢侈的感觉（图3-6）。

二、软装陈设技巧

1. 饰品

欧式风格的装饰细节多以人物、风景、油画为主，以石膏、古铜、大理石等雕工精致的雕塑为辅，

（a）北欧风格

（b）欧式简约风格

（c）传统欧式风格

图3-6 软装搭配

图3-6（a）：北欧风格，以舒适为主，家具没有那么明显的欧式特征。宜家家具便是北欧风格的代表。

图3-6（b）：欧式简约风格，相对来说色彩的明快感更加强烈，一般会特别注重家具的细节呈现。

图3-6（c）：传统欧式风格的色彩古典、庄重，整体装饰华丽，家具细节表达较多。

（a）花瓶

（b）人物摆件

（c）抱枕

图3-7 饰品

将质感和品位完美融合，凸显古典欧式雍容大气的风格（图3-7）。

2. 家具

欧式家具的特点是线条结构流畅，工艺精巧细致，尊贵又不失浪漫，很有情调。例如，欧式沙发需要搭配具有同样特色的装饰品，才能提升特有的文化内涵和历史底蕴。

第三节 地中海风格

一、搭配方式

地中海风格一般选择自然的柔和色彩，通常将海洋元素应用到空间设计中，充分利用每一寸空间，流露出古老的文明气息，蔚蓝明快的色调，给人以舒适感（图3-8、图3-9）。

图3-8 地中海风格家居设计

图3-9 马赛克镶嵌装饰

图3-8：家具尽量采用低彩度、线条简单且边角浑圆的木质家具，蓝白相间的海洋图案，与整个居室的风格相得益彰。

图3-9：唯美的空间弧线造型加上海蓝色的马赛克镶嵌装饰，主体色彩选择了代表地中海风情的蔚蓝和纯白色，给人一种现代明快的感觉。

1. 造型

通过连续的拱门、马蹄形窗等来体现空间的通透感，用栈桥状露台、开放式房间功能分区体现开放性。无论是家具还是建筑，都形成一种独特的浑圆造型，拱门与半拱门窗、白灰泥墙均是地中海风格的主要特色（图3-10）。

2. 装饰材质

家具大多选择复古风格，搭配自然饰品，给人一种风吹日晒的感觉，硬装一般选用自然的原木、天然的石材等（图3-10），软装时应考虑用欧式风格的饰品搭配。

二、软装陈设技巧

1. 家具

家具比较低矮，家具的线条以柔和为主，并且有一些弧度，材质上最好选择实木或藤类。例如，用一些圆形或是椭圆形的木制家具，让视线更加开阔，与整个环境浑然一体（图3-11）。

2. 灯具

地中海风格的台灯会在灯罩上运用多种色彩，造型上往往会设计成地中海独有的美人鱼、船舵、贝壳等造型。地中海风格的灯具通常会配有白陶装饰部件

图3-10　拱形

图3-10：拱形在地中海建筑中随处可见，只适合于层高较高的户型。普通户型可以适当运用一些拱形的装饰，比如拱形的装饰墙面、拱形镜子等。

（a）实木家具与白漆组合

（b）藤类家具

图3-11　家具

图3-11（a）：实木家具与白漆的组合令人惊艳，清爽的感觉与地中海风格完美契合，只需少许绿植点缀便可。

图3-11（b）：藤类家具大多弧度优美圆滑，给人舒适的感觉，布艺搭配上首选清丽淡雅的颜色。

或手工铁艺装饰部件，透露着一种纯正的乡村气息，常见的特征之一是灯具的灯臂或中柱部分会进行擦漆做旧处理（图3-12）。

3. 布艺

窗帘、沙发套等布艺品，均以低彩度色调的棉织品为主，也可以选择一些粗棉布。由于地中海风格也具有田园气息，所以使用的布艺面料上经常带有低彩度色调的小碎花、条纹或格子图案（图3-13）。

（a）蓝白结合的吊灯

（b）风扇造型吊灯

（c）美人鱼造型壁灯

图3-12　地中海风格灯具

图3-12（a）：此款吊灯采用了铁艺元素与马赛克镶嵌结合的方法，颜色仍是蓝白结合，灯光下非常绚丽。

图3-12（b）：地中海风格的吊灯在造型上有很多创新之处，比较有代表性的是以风扇为造型的吊灯。

图3-12（c）：地中海风格的壁灯在造型上更具创意，此款美人鱼造型壁灯，在温暖的灯光下，美人鱼举着灯仿佛在为路人指明方向。

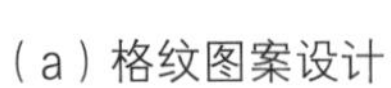

（a）格纹图案设计

（b）土黄色和红褐色结合

图3-13　布艺

图3-13（a）：此款窗帘采用经典的格纹图案设计，搭配精致的剪裁工艺，形成了弧线的半帘之美，显得低调、亲切，在缔造层次感的同时，也显得非常温柔。

图3-13（b）：土黄色和红褐色是北非特有的沙漠、岩石、泥、沙等天然景观具有的颜色，给人一种大地般的浩瀚感觉。地中海风格的沙发，其线条是有一定弧度的，显得比较自然，形成一种独特的浑圆造型。

- 补充要点 -

如图3-14所示为地中海风格创意摆件，其可以营造出自然、惬意的氛围。

（a）帆船

（b）灯塔

（c）海鸥

（d）海星

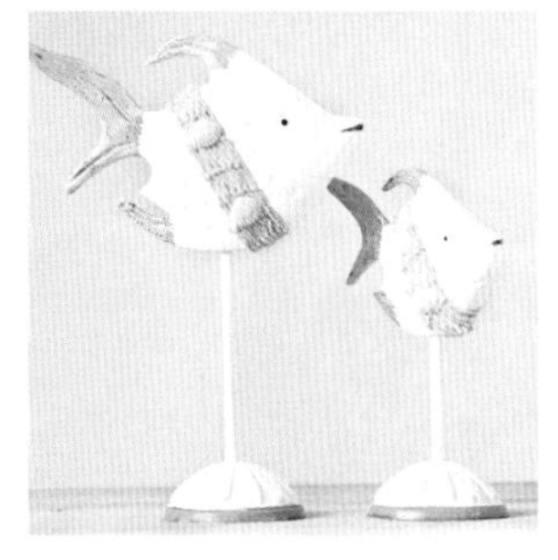

（e）海鱼

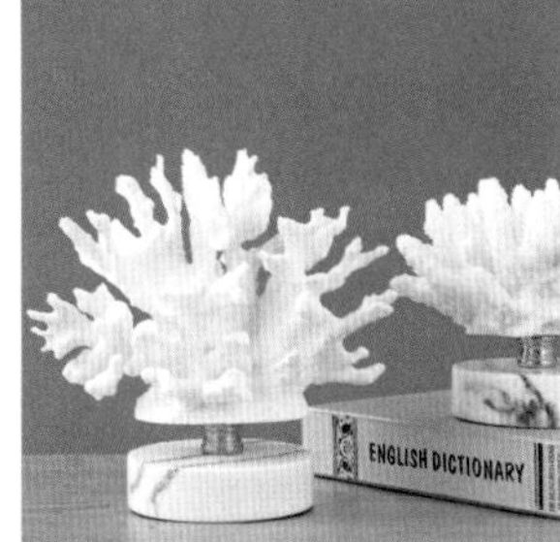

（f）珊瑚

（g）海军人物

（h）漂流瓶

图3-14　地中海风格创意摆件

第四节　田园风格

一、搭配方式

田园风格是通过装饰装修表现出田园的气息，模仿朴实的乡村生活，是一种贴近自然，向往自然的风格（图3-15）。

二、软装陈设技巧

1. 家具

家具多以白色为主，材质多为木质，木质材料表面的油漆或体现木纹，或以纯白磁漆为主。沙发、坐垫布艺图案以花草为主，体现出乡村的自然感（图3-16）。桌椅摆放很随意，以一种轻松的态度对待生活。

2. 桌布

亚麻材质的布艺是体现田园风格的重要元素，在桌布的选择上可以选用小碎花、小方格之类的图案，色彩效果上粉嫩、清新为主，以体现出田园大自然的舒适与宁静，再搭配质感天然、坚韧的木质或藤质桌椅等简单实用的家具，展现朴实的田园风情（图3-17）。

3. 餐具

田园风格的餐具与布艺类似，多以花卉、格子等

运用碎花、藤蔓等图案，或者手绘墙，也是田园风格的特色表现。

仿古砖是田园风格地面材料的首选，自然的质感让人觉得它朴实无华。可以打造出一种淡淡的清新之感。

图3-15　田园风格客厅

图3-16　布艺小碎花沙发

图3-17　碎花桌布

图3-16：布艺小碎花沙发以浅绿色为背景，搭配同样形式的小抱枕，非常可爱清新。

图3-17：米色作为桌布背景色，蕾丝边的搭配增添了质感，小碎花点缀桌布，非常活泼。

印花图案为主，外观雅致休闲，也有纯色但本身在工艺上镶有花边或凹凸纹样的，其中骨瓷因为质地细腻光洁而备受推崇（图3-18）。

4. 窗帘

田园风格的窗帘主要是用华美的布艺以及纯手工的制作，布面花色秀丽，多以纷繁的花卉图案为主，而碎花、条纹、苏格兰图案等，都能散发出田园特有的清新、恬静，也营造着浪漫情调。由自然色和图案合成窗帘的主体，款式以简约为主（图3-19）。

5. 花艺

田园风格的花艺自然、清新、古朴、典雅。一般选择满天星、薰衣草、玫瑰等有芬芳香味的植物来增加家的温度，装点温馨氛围，同时将一些干燥的花瓣和香料混放在布料里，或盛放在透明玻璃瓶、陶罐、竹篮等容器里，给人以赏心悦目之感（图3-20）。

图3-18　田园风格餐具

图3-19　田园风格窗帘

图3-20　单只松虫果

图3-18：这款餐具组合套装样式简约、色彩朴素，没有复杂的设计，外观雅致，给人温馨之感。

图3-19：碎花是田园风格的主要特征，这款窗帘款式简单大方，与木质家具相互呼应。

图3-20：将花束斜插在棕色玻璃瓶里，花朵颜色淡雅，搭配木质家具，具有中式田园的味道。

第五节　东南亚风格

一、搭配方式

东南亚风格是融合、吸收东南亚国家的特色，极具热带民族原始岛屿风情。软装风格色泽鲜艳，注重手工工艺，自然温馨中不失热情华丽，通过细节和软装来演绎原始自然的热带风情，多适宜打造静谧与雅致、奔放与脱俗的效果（图3-21）。

二、软装陈设技巧

1. 灯具

东南亚风格的灯饰以贝壳、椰壳、藤、枯树干等为制作材料。灯具用夸张的造型、艳丽的色彩等，冲破视觉的沉闷，例如，竹编的吊灯、具有粗糙肌理的铜制吊灯、色彩斑斓的水晶吊灯等（图3-22）。

2. 家具

东南亚家具在设计上逐渐融合西方的现代概念和亚洲的传统文化，具有浓郁的热带雨林风情，增加藤椅、竹椅一类的家具再合适不过了（图3-23）。

3. 窗帘

东南亚风格的窗帘以自然色调为主，完全饱和的酒红、墨绿等最为常见，

（a）东南亚风格客厅

（b）充满奢华气息的卧室

（c）绿化设计

（d）色彩设计

图3-21　东南亚风格软装

图3-21（a）：东南亚饰品富有禅意，蕴藏较深的泰国古典文化，有很多佛教的元素，像佛像、烛台、佛手等这样的工艺品是很常见的。

图3-21（b）：大多数东南亚风格来源于东南亚国家传统的宫殿室内外装饰，充满了贵族奢华气息，这种风格运用到今天的东南亚装饰风格中，要在保持整体色调的基础上，简化装饰造型。

图3-21（c）：大部分东南亚家具采用木材、藤、竹等两种以上材料混合编织而成，古朴的藤艺家具，搭配葱郁的绿化，是常见的表现东南亚风格的手法，材料之间的宽、窄、深、浅，形成有趣的对比。

图3-21（d）：东南亚风格家饰特有的棕色、咖啡色以及实木、藤条的材质，通常会给视觉带来厚重之感。香艳浓烈的色彩被运用在布艺家具上，营造出华美绚丽的视觉效果。

（a）禅意竹编吊灯

（b）铜制吊灯

（c）水晶吊灯

图3-22　吊灯

图3-22（a）：竹编的吊灯造型精美，与东南亚风格的制作材料相呼应，与整体空间形成统一风格。

图3-22（b）：铜制的吊灯结合了风扇的功能，扇叶造型为东南亚风格中特有的芭蕉叶元素，极具肌理美感。

图3-22（c）：通过吊灯的颜色来增添室内色彩斑斓的搭配效果，在灯光的照射下充满了异域风情。

（a）木雕家具

（b）竹制品

（c）藤制品

图3-23 东南亚风格家具

图3-23（a）：东南亚家具大多就地取材，在色泽上保持自然材质的原色调，大多为褐色等深色系，在视觉上给人以质朴的气息。

图3-23（b）：多用实木、竹、藤、麻等材料打造家具，这些材质会使居室显得自然古朴，使人仿佛沐浴着阳光雨露般舒畅，散发出浓浓的自然风情。

图3-23（c）：朴素优雅的藤制家具和以手工织棉编成的布艺耐用绸缎，打破了藤制品家具色彩较单调的特点，一把椅子、一张沙发，存在着几种不同的颜色，款式新颖，给人以现代感。

搭配亚麻的布艺装饰拥有舒适的手感和良好的透气性（图3-24）。

4. 纱幔

纱幔是东南亚风格不可或缺的装饰，无论是随意在茶几上摆放一条色彩艳丽的绸缎纱幔，还是作为休闲区的软隔断，又或是在床架上绾出一个大大的结等方式，都能营造出异域风情（图3-25）。

图3-24 枚红色系的布艺

图3-25 色彩艳丽的绸缎纱幔

图3-24：枚红色系的布艺在东南亚风格中很常见，窗帘在阳光下散发出温馨浪漫的气息，结合藤制家具的自然感，氛围感非常强烈。

图3-25：色彩艳丽的绸缎纱幔，延伸到附着浅浅纹路的柚木地板上，随意的皱褶带着怀旧的味道，体现出闲适、自然、飘逸之感。

5. 抱枕

泰丝制成的抱枕彰显着高品位，泰丝质地轻柔、色彩绚丽，富有特别的光泽，图案设计也富于变化，极具东方特色，带有一种别样的风韵和异域色彩（图3-26）。

6. 饰品

东南亚的大多数国家是很信奉宗教和神话的，在环境空间里多少会看到一些造型奇特的神、佛像、菩提树等金属或木雕的饰品（图3-27）。

（a）绸缎材质抱枕

（b）菩提系列抱枕

（c）棉麻面料抱枕

图3-26 抱枕

图3-26（a）：几何图案与绸缎材质的结合，具有极简风格，墨绿色与紫色的组合，富有禅意。

图3-26（b）：菩提系列抱枕，仿麂皮绒面料，温润舒适。提花花边与橙色的结合，热烈真诚。

图3-26（c）：棉麻面料抱枕，咖啡色加上烫金红，浓烈的色彩，独特的纹理带有波西米亚的异域风情。

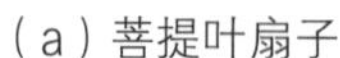

（a）菩提叶扇子

（b）大象凳子

图3-27 东南亚饰品

图3-27（a）：菩提的灵感源于佛偈典故，是觉悟、智慧的意思，在佛教界被公认为是大彻大悟的象征。

图3-27（b）：白象是泰国的镇国瑞兽，将大象造型的陈设品摆放在家中，象征着昌盛繁荣，寓意吉祥。

- 补充要点 -

东南亚风格家饰搭配

1. 统一中性色系。东南亚风格家具最常使用实木、棉麻以及藤条等材质，将各种家具包括饰品的颜色控制在棕色或咖啡色系范围内，再用白色全面调和，是既安全又省心的聪明做法。

2. 轻型天然材质。东南亚风格的物品多用实木、竹、藤、麻等材料打造，选择东南亚家具时，应注意避免天然材质自身的厚重可能带来的压迫感，而流行趋势也指引着我们向轻快的原始靠拢。

3. 家具饰品色彩。绿色环保的东南亚式家具多数只是涂一层清漆作为保护，因此保留原始本色的家具难免颜色较深。这时更需注意家具的样式，明朗、大气的设计无疑是避免压抑气氛的最佳选择。在选择与之相呼应的饰品时，尽量选择简单的外观，保持在中性之上的颜色。

第六节　日式风格

一、搭配方式

日式风格又称和式风格，适用于面积较小的空间，装饰简洁、淡雅。室内色彩多偏重于原木色，以及竹、藤、麻和其他天然材料颜色，形成朴素的自然风格。略高于地面的榻榻米平台，配上日式矮桌、草席地毯、布艺或皮艺的轻质坐垫、纸糊的日式移门等，都是这种风格的组成要素（图3-28）。

（a）传统日式风格

（b）现代日式风格

图3-28　日式风格

图3-28（a）：对称性的设计让整个空间的线条感十分清晰，仕女图装饰画突出软装风格。

图3-28（b）：整个软装色调为浅灰色，与木质的搭配非常巧妙，借用外在自然景色，为设计带来无限生机。

二、软装陈设技巧

1. 榻榻米

在日式风格中，榻榻米是经典设计元素，一直沿用至今，它具有床、地毯、凳椅或沙发等多种功能。尤其是在小户型空间中，能有效利用空间，十分方便使用，例如，在榻榻米上放几个垫子，一个原木茶几，就可以作为休闲空间（图3-29）。

2. 千本格子

千本格子也称格栅式设计，是一种具有禅意的设计表现，由相同间距的木条组合在一起，既能起到一定的遮挡作用，又不会遮挡视线。日式空间中会大量使用一些木质的推拉门，推拉门大多是格栅式设计，格子拉门的设计使空间看起来更加通透，又不失隐秘性（图3-30）。

3. 暖帘

在现代日式风格中，暖帘主要用作隔断来替代推拉门，十分节省空间。美观实用的暖帘是一种由棉麻材质制作的布帘，款式多样，尺寸、图案各不相同，以日式风格元素居多，突出室内装饰效果（图3-31）。

（a）榻榻米

（b）榻榻米休闲空间

图3-29　日式软装元素

图3-29（a）：榻榻米作为一种家居用品，应用范围广泛，这里将榻榻米与衣柜结合在一起，有效节省了室内空间。

图3-29（b）：在传统的日式建筑中，将整个客厅都打造成榻榻米，休息、待客等在功能的设计上非常实用且方便。

图3-30　日式千本格子门

图3-31　暖帘

图3-30：传统的原木色日式格栅，透露着原汁原味的日式风格，整个空间仿佛散发着阵阵原木的清香，令人心境平和。

图3-31：暖帘取代了厚重的推拉门隔断，在日式住宅与商业空间中都得到了有效运用。

- 补充要点 -

如图3-32所示为日式风格装饰品摆件，其对打造日式风格空间氛围有很好的装饰作用。

（a）陶瓷娃娃

（b）禅意花瓶

（c）晴天娃娃

（d）招财猫

图3-32 日式风格装饰品摆件

第七节 新中式风格

一、搭配方式

新中式风格是指将中国古典建筑元素融合到现代生活环境中的一种装饰风格，结构不讲究对称，让传统元素更具有简练、大气、时尚的特点，让现代装饰更具有中国文化韵味，给传统家居文化注入新的气息（图3-33）。

图3-33 新中式风格客厅

图3-33：在软装配饰上，如果能以一种东方人的“留白”美学观念控制节奏，更能显出大家风范。素净的椅面没有过多的装饰，自然朴实；电视柜采用纯色设计，更显质感；沙发背景墙以花草画装饰，展现出东方韵味；客厅吊灯仿制古代宫灯设计，造型精美。

二、软装陈设技巧

1. 字画

字画是最能代表中国古典文化的元素，在中式风格空间中，任意摆放几幅字画，就能提升空间的质感（图3-34）。

2. 屏风

屏风一般陈设于室内的显著位置，起到分隔、美化、挡风、协调等作用，它与古典家具相互辉映，相得益彰，浑然一体，成为中式家居装饰不可分割的一部分，呈现出一种和谐、宁静之美（图3-35）。

（a）书法

（b）山水画

图3-34 字画

图3-34（a）：中国书法历史悠久，能够营造出书香世家的氛围，是新中式风格的经典元素，渲染文化气氛。

图3-34（b）：山水画有较高的艺术品位，具有引人入胜和移情于景的特点，烘托出古色古香的居室氛围。

（a）酒店大堂屏风

（b）客厅屏风

图3-35 屏风

图3-35（a）：此款屏风做工精美，花纹采用中式传统符号，颜色上面选择黑色与金色搭配，凸显奢华感。

图3-35（b）：此款屏风为白蜡木材质，卯榫结构，图案以中式风格特有的格纹为装饰，具有透而不露的气质。

3. 瓷器

中国是瓷器之乡，瓷器作为中华文明展示的瑰宝，品种繁多，有很高的收藏价值。无论是釉色万千的彩瓷，还是色调古朴的陶瓷，放置在中式风格的空间里，都能丰富居家文化的交流与传播（图3-36）。

4. 花艺盆景

新中式风格花艺多选用枝叶细小、盆栽易成活、生长缓慢、寿命长、根干奇特的植物，兼有艳丽花果者尤佳。例如，松、竹、梅、菊花、牡丹、茶

图3-36 瓷器

图3-37 新中式风格花艺

图3-36：瓷器可以作为插花的器皿，也可以作为展示品，能够提升居室的档次。

图3-37：新中式风格的花艺讲究花型、花种之间的搭配，同时以景抒怀，表现深远的意境。可以是一束花，也可以是三两只缠绕在一起。

图3-38：此款木质椅，既保留了中式传统圈椅的外形特征，又添加了现代家具的时尚原色，浅木色的应用减轻了中式风格颜色的厚重感。

图3-39：此款中式风格家具则完全保留了明清家具的特点，颜色与造型都极为还原。除此之外，还添加了陶瓷鼓凳，起到点睛的作用。

图3-38 木质椅

图3-39 陶瓷鼓凳

花、菖蒲、水葱、鸢尾等，创造富有中国文化的古雅气韵，给人不流于俗之感（图3-37）。

5. 家具

新中式家具在传统美学规范之下，使家具不仅拥有典雅、端庄的中国气息，并具有明显的现代特征（图3-38、图3-39）。

6. 抱枕

新中式风格一般选择简单、纯色的抱枕款式，并利用空间与色彩的关系挑选、搭配，以便于更好地突出中式韵味。如果空间的中式元素较少，可以赋予抱枕更多中式图案元素，如花鸟、刺绣、窗格图案等（图3-40）。

（a）纯色勒腰抱枕

（b）花鸟刺绣抱枕

图3-40　中式抱枕

图3-40（a）：纯色的抱枕，材质选用带有东方韵味的丝绸，勒腰设计，为简单的造型增添了些许趣味。

图3-40（b）：此款抱枕的色彩采用中式复古色调，搭配中式刺绣的花鸟图案元素，整体风格相得益彰。

软装风格案例赏析

扫码阅读

本章小结

本章通过介绍各种软装设计风格，让读者对软装设计有了深度认知，从软装搭配技巧、配饰上加深其对软装风格的认知能力，从一个小的装饰品上就能看出所设计的软装风格，从细节设计中可以感受到软装设计师的良苦用心。通过学习本章内容，能够为即将从事软装设计的设计者提供全面的风格认知体系，有利于其形成自己的软装设计风格，掌握搭配技巧。

课后练习

1. 现代简约风格的软装重点有哪些?
2. 如何快速识别简欧、北欧与传统欧式风格?
3. 地中海软装风格的经典元素是什么?
4. 请讲述日式风格中千本格子的作用。
5. 东南亚风格的灯具为何采用竹制与藤制?
6. 新中式风格的布艺装饰品有哪些民族特色设计?
7. 北欧风格兴起的原因有哪些? 如何看待这一设计风格的火爆程度?
8. 请分析中式田园、美式田园、英式田园中的相同点，简述这三种风格的经典搭配设计。
9. 请简要概述现代简约风格与新中式风格中的留白设计有何不同。
10. 组成调查小组，对目前最流行的三种软装风格进行市场调查，分析其流行的原因。

第四章

软装设计详解：色彩篇

学习难度：★★★★★
重点概念：主色调、辅助色、对比色、搭配技巧、黄金法则、国际潮流配色

PPT 课件

章节导读

本章将色彩理论与实践结合，使读者能对软装色彩有充分认知，使其在了解了色彩对人的心理情绪的影响之后，在进行室内陈设设计时，色彩的搭配应该尽可能多的考虑到色彩与人们的性格、生活习惯、爱好之间的关系（图4-1）。

图4-1 色彩混搭

第一节 软装色彩设计的搭配原则

一、色彩的主题色确定

确定色彩主题意味着空间的基调都要围绕主题色来进行，对一个房间进行配色，通常以一个色彩印象为主导，其他色彩为辅助，搭配出具有冷暖温度、风格特点的空间主题色彩（图4-2）。

二、色彩搭配黄金法则

在设计和方案实施的过程中，空间配色最好不要超过三种色相，室内色彩黄金比例为6：3：1。“6”是主要色彩，包括基本墙面、地面的颜色；“3”是次要色彩，包括家居床品、窗帘、家具的基本色系等；“1”是辅助色彩，包括小的装饰品和艺术品颜色等（图4-3）。

（a）蓝色系

（b）米色系

图4-2 空间主题色彩

图4-2（a）：深蓝色的沙发作为主色调，墙面采用了白色＋蓝色的组合色彩，奠定了软装色彩基调。

图4-2（b）：白色的墙壁与吊顶起到中和色彩的作用，米色的窗帘、背景墙、床单、地板，为整个空间确定了主题色彩。

图4-3 色彩搭配黄金法则

图4-4 适当运用对比色

图4-3：灰色作为背景色，包括墙面、地板和房顶占比例为6；米色作为搭配色包含了所有的家具，占比例为3；地毯的黄色与抱枕的黄色作为点缀色，占比例为1。整体色系简洁大方，舒适自然。

图4-4：宝蓝色与正红色的碰撞非常有趣，给人活泼的感觉。但宝蓝色只是小面积应用在门窗上，红色则以更小面积应用在柜子的背板上。加上白色的调和，整体感觉清新自然，给人舒心的感觉。

三、色彩的对比色运用

色彩的对比主要是指色彩的冷暖对比，在暖色调的环境中，冷色调的主体醒目；在冷色调的环境中，暖色调的主体最突出。可适当选择一些强烈的对比色，来强调和点缀环境的色彩效果（图4-4）。

- 补充要点 -

软装色彩搭配窍门

世界上有无数种色彩，色彩搭配的方法也有无数种。日本一位设计师曾经提出75%、25%与5%的配色比例方式，其中的底色为大面积使用的底色，而主色与强调色则可以利用互补色的特性（图4-5、图4-6）。

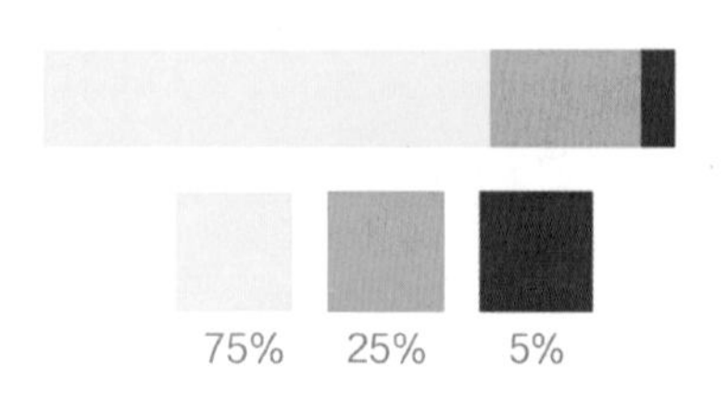

图4-5　75%、25%与5%的配色比例方式

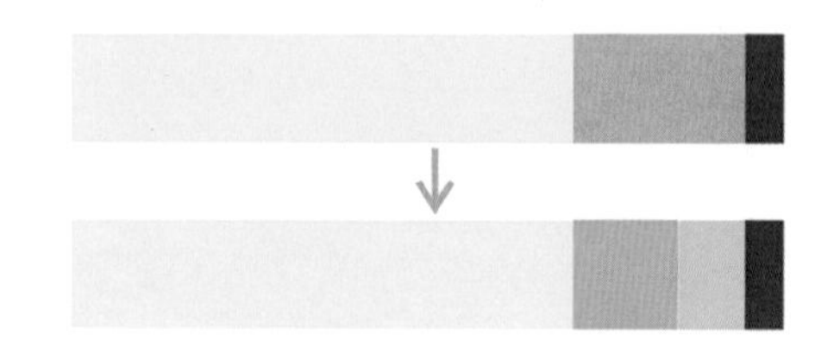
图4-6　整体配色比例

图4-5：画面或空间的色彩不宜超过三种色相，比如祖母绿与抹茶绿可以视为一种色相。按照色彩规律，颜色用的越少越好。

图4-6：如果使用三色色彩搭配的方式，就必须从现有的色彩分配中做切割，以避免影响整体配色比例。

四、色彩的混搭技巧

色彩混搭秘诀就在于掌握好色调的变化，色彩搭配仅用三种颜色无法满足部分个性空间的设计需要，在两种颜色对比非常强烈时，通常需要一个过渡色来缓和视觉空间混搭的色调（图4-7、图4-8）。

五、色彩的调和作用

1. 调整空间的大小

小型空间的装饰色彩还可以用不同深浅的同类色相叠加，以增加整体空间的层次感，让其看上去更宽敞而不单调。深色和暖色可以让大空间显得温

图4-7　过渡色

图4-8　色彩混搭

图4-7：仿砖壁纸的色彩复古气质浓郁，黑色的沙发个性感十足，米色壁纸作为空间过渡色，提亮空间色彩。

图4-8：仿砖壁纸用来突出软装风格，搭配抽象装饰画制造出空间复古氛围，黑色的沙发与条纹靠枕完美契合，打造简约时尚的家居装饰，红色、蓝色、黄色作为混搭装饰色彩，整个空间的层次感强烈。

暖、舒适，强烈、显眼的点缀色适用于大空间的墙面，用以制造视觉焦点，如独特的墙纸、手绘、单体家具等，将近似色的装饰物集中陈设便会让空间聚焦（图4-9）。

2. 调整空间的进深

纯度高、明度低、暖色相的色彩看上去有向前的感觉，纯度低、明度高、冷色相的色彩给人以有向后的感觉。如果空间宽敞，采用高明度色彩处理墙面，会使人感觉房间的深度增加了；如果空间狭窄，采用低明度色彩处理墙面，房间深度则会被明显缩小（图4-9）。

3. 调整空间的高低感

深色给人下坠感，浅色给人上升感。同纯度、同明度的情况下，暖色较轻，冷色较重。空间过高时，天花板可采用冷色，地板采用暖色，用温暖、浓重的色彩来装饰顶面时要注意色彩不要太暗，以免使顶面与墙面形成太强烈的对比，使人有塌顶的错觉。空间较低时，天花板可采用暖色，地板采用冷色，顶面最好采用白色，或比墙面淡的色彩（图4-10）。

（a）调整过大空间

（b）调整过大进深

图4-9　调整空间的进深

图4-9（a）：由于整个空间色彩偏向于浅色系，显得非常空旷，加入蓝色沙发后，视觉焦点集中在蓝色点缀色上。

图4-9（b）：当空间进深较深时，视线变长，亮色系能够弱化空间的长度，化解空间进深带来的空旷感。

（a）深色给人下坠感

（b）浅色给人上升感

图4-10　调整空间的高低感

图4-10（a）：用天然木材来装饰顶面，米色的壁纸形成过渡到地面，深色天花板与花纹地砖呼应，居室空间显得牢固密切。

图4-10（b）：层高较高时采用白色顶面设计，能够在视觉上产生拉伸效果，提供上升感，给人大气宽阔的感觉。

第二节　不同空间中软装色彩的应用

一、酒店空间色彩设计

酒店的色彩设计需要考虑气候、温度和酒店房间的位置、朝向。如果酒店位于气温较高的地区，房间里的颜色就应该尽量避免使用暖色调；如果酒店是处在气候寒冷的地区，则房间里不宜使用冷色系来搭配（图4-11）。

酒店客房的墙体可以选择较浅的颜色，家具的颜色深一些，而地面的色彩适中，天花板的色彩要比墙面颜色浅（图4-12）。如果酒店位于民族风情浓厚的地方，设计时最好融入当地的传统文化底蕴，运用色彩细节搭配，体现当地的民族民俗特性（图4-13）。

（a）冷色系客房设计

（b）暖色系客房设计

图4-11　酒店的软装色彩设计

图4-11（a）：在温度偏高的地区，冷色系的客房设计能够带来更好的入住体验，尤其是从室外进入室内时效果明显。

图4-11（b）：在温度偏低的地区，暖色系的客房设计能够消除寒冷感，让身处其中的人感受到丝丝温暖。

图4-12　酒店客房色彩搭配

图4-13　日式酒店客房设计

图4-12：浅黄色的地毯设计与原木家具相得益彰，一深一浅，色彩搭配十分协调。

图4-13：客房里的床垫直接覆盖在地台上，定制的吊顶展现出当地的民俗风情，家具材质都是当地的木材制作而成，整个空间的家具色彩十分统一。

二、餐饮空间色彩设计

1. 主色调与辅助色

餐厅中有主色调，也有辅助色，恰当处理色彩间的协调关系，在统一中有变化，在变化中有统一［图4-14（a）］。餐厅的主色调在空间设计中起到主导作用，辅助色在空间设计中起到陪衬、烘托作用［图4-14（b）］。

2. 用色彩划分功能区

餐饮店不同的功能区色彩要求是不一样的，例如，雅座区、散座区、大厅区、吧台区、收银台等都有各自不同的功能分区，也自然有不一样的色彩（图4-15）。

3. 色彩通过视觉传达情感

色彩搭配可以影响人的情绪。在餐厅色彩搭配中要考虑人们对色彩的情感反应，选用具有振奋和安抚人心等作用的色彩（图4-16）。

（a）暖色调餐饮店

（b）冷色调餐饮店

图4-14　餐厅色调软装设计

图4-14（a）：整个色调以橙色为主，部分家具色彩、天花板、灯具、桌面等采用同色系色彩，以墙面、地面色彩作为辅助色，整体的色调统一。

图4-14（b）：空间墙面以蓝色为主色调，白色作为辅助色，整个餐厅空间呈现出清新、自然的热带风情。

（a）散座区

（b）吧台区

图4-15　用色彩划分功能区

图4-15（a）：散座区在设计上保持风格一致，利用不同桌椅组合形式，统一又富有变化。

图4-15（b）：吧台作为整个空间的核心位置，在餐饮店中需要将吧台区突出，色彩与灯光上都要有所不同。

（a）欢快活泼的色彩设计　　（b）自然纯真的色彩设计

图4-16　色彩的软装视觉效果

图4-16（a）：这是一家亲子餐厅，整个空间色彩偏向可爱、趣味、丰富。大胆运用“红、黄、蓝”三种色彩，在视觉上刺激儿童的脑部发育，激发儿童对事物的认知。

图4-16（b）：在设计中，摒弃了绚丽的色彩，大量使用原木色、黑色等无彩系色彩，墙面只进行了简单的粉饰，保留了原有的质感。同时，依靠照明设计来烘托整个餐饮店气氛。

三、办公空间色彩设计

办公空间的色彩搭配通常采用彩度低、明度高且具有安定性的色彩，例如，中性色、灰棕色、浅米色、白色等。职员的工作性质也是设计办公空间色彩时需要考虑的因素，原则是不但能满足工作需要，还要提高工作效率，如科研机构，要使用纯净清淡的颜色［图4-17（a）］。需要经常讨论问题的办公室，如创意策划部门，要使用明亮、鲜艳、跳跃的颜色为点缀，刺激工作人员的思维能力［图4-17（b）］。

（a）纯净清淡的色彩　　（b）鲜艳亮丽的色彩

图4-17　办公空间色彩软装设计

图4-17（a）：纯净清淡的色彩容易稳定心情，减少内心的浮躁与情绪波动，适合需要安静思考类型的工作空间。

图4-17（b）：鲜艳亮丽的颜色直击内心，刺激工作人员的思维能力，能够在某一时刻让灵感快速迸发，这一色彩适合需要头脑风暴的创意工作空间。

第三节　细部空间的色彩搭配

一、家具色彩的组合

墙面颜色的选择可根据用户的要求有无穷的可能性，而家具颜色选择的自由度相对较小，所以要根据墙面、地面的配色来考虑软装颜色搭配，包括窗帘、工艺饰品的颜色等（图4-18）。

二、窗帘色彩的运用

窗帘的色彩可以选择墙面或家具的同色或者对比色，如果家具色彩较深，窗帘可选择较浅淡的色系。选择与家具同种色系的窗帘是最为稳妥的方式，可以形成较为平和、恬静的视觉效果［图4-19（a）］，还可以将家具中的点缀色作为窗帘主色，从而营造出灵动活跃的空间氛围感［图4-19（b）］。

（a）整体软装效果

（b）局部软装效果

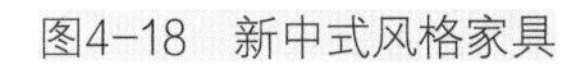

图4-18　新中式风格家具

图4-18：新中式风格家具的质感醇厚、质地细腻，呈现出古色古香的氛围，因此家具色彩除了考虑硬装色彩外，还应兼顾硬装材质与家具的匹配度，硬装造型中，线型设计与家具用材的匹配度等。

（a）与家具同色系的窗帘

（b）浅灰色+白色窗帘

图4-19　窗帘色彩的选择

图4-19（a）：选择与家具色彩相同的窗帘，在视觉上能够平稳过渡，形成恬静、自然的效果。

图4-19（b）：选择比家具颜色稍浅的颜色，是一种不会出错的设计手法，考虑到浅色窗帘的遮光性较弱，可以设计双层窗帘，具有不错的遮光效果。

三、装饰画色彩的选配

装饰画的主体颜色和墙面的颜色最好能同属一个色系，以显融洽［图4-20（a）］。与此同时，装饰画中最好能有一些墙面颜色的补色作为点缀。例如，蓝色与橙色、紫色与黄色、红色与绿色等［图4-20（b）］。

如果整体风格相对和谐、温馨，画框宜选择墙面颜色和画面颜色的过渡色；如果整体风格相对个性，画框偏向于采用与墙面颜色的对比色。此外，黑、白、灰能和任何颜色搭配在一起，也非常适合应用在画框上［图4-20（c）］。

（a）同色系装饰画

（b）互补色装饰画

（c）黑白灰装饰画

图4-20　装饰画色彩的选配

图4-20（a）：同色系装饰画与背景墙十分和谐，二者之间的过渡十分平静、自然。

图4-20（b）：互补色装饰画带来惊艳的视觉效果，黑色作为点缀色充满了梦幻感。

图4-20（c）：黑、白、灰装饰画可与各种颜色搭配在一起，黑色画框使得装饰画的画面感更强烈。

第四节　国际软装色彩的发展趋势

一、草地云雀黄

草地云雀黄是一种介于柠檬黄和芥末黄之间的亮黄色，色彩的饱和度高，明度相对较高，色调活泼，因色彩和一种叫云雀的鸟类羽毛颜色接近，因此得名（图4-21）。

畅想秋天草地变黄，小云雀身上黄色的小绒毛，这是一个充满活力和生

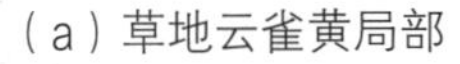

（a）草地云雀黄局部

（b）草地云雀黄色彩搭配

（c）草地云雀黄+白色+粉色

（d）草地云雀黄+白色+黑色

图4-21　草地云雀黄

图4-21（a）：明亮的色彩搭配显得温馨又大气，再加入现代家具简洁的线条元素，使得整个空间充满活力。

图4-21（b）：跳脱的黄色，仿佛点亮了整个空间，属于空间中最亮眼的颜色，而黄色作为三原色的一种，与其他色彩都能搭配，没有丝毫的违和感。

图4-21（c）：黄、白、粉三种颜色放在一起，散发出萌萌的少女感，是一种时尚、活泼可爱的软装色彩搭配。

图4-21（d）：黄、白、黑三种颜色在一个空间中，给人以高贵、优雅的视觉感受，是打造气质优雅的高品质空间的软装色彩搭配。

命力的颜色。在软装设计中，无论是局部还是大面积的使用这个颜色，都非常醒目、亮眼，给人焕然一新的感觉（图4-21）。

二、樱桃番茄红

樱桃番茄红是一种较具刺激性的颜色，给人带来热情感（图4-22）。

（a）樱桃番茄红装饰效果

（b）樱桃番茄红软装搭配

（c）复古红

（d）时尚红

图4-22 樱桃番茄红

图4-22（a）：樱桃番茄红给人积极向上、朝气蓬勃的感受，为空间软装的主题色，将整个空间气氛推上了新的高度。

图4-22（b）：在色彩搭配中与海军蓝、墨玉色等冷色组合，一动一静，产生奇妙的空间氛围。

图4-22（c）：樱桃番茄红可轻易达到尊贵优雅的格调，营造摩登复古的感觉。

图4-22（d）：樱桃番茄红比复古红多了一丝时尚感，比少女粉多了一份成熟，是一种活泼又不失端庄的红色。

三、国际克莱因蓝

克莱因蓝是以法国艺术家Yves Klein（伊夫·克莱因）的名字来命名的一种色彩，是一种十分纯正的蓝色，其以极强的视觉侵蚀力，让人过目不忘。"克莱因蓝"的RGB比值是0：47：167，由于克莱因蓝过于纯净，它的冲击力格外强烈（图4-23）。

（a）克莱因蓝+红色

（b）克莱因蓝+黄色

（c）克莱因蓝+白色

（d）克莱因蓝+蓝色

图4-23　克莱因蓝

图4-23（a）：克莱因蓝加上红色软装点缀呈现出英伦风的复古味道，能让整个空间充满色彩的生命力，令人眼前一亮，创造出了别具一格的情调。

图4-23（b）：明亮的黄色是阳光的颜色，黄色也多以陪衬色或点缀色的姿态出现，克莱因蓝搭配黄色，使整个空间充满活力。

图4-23（c）：克莱因蓝+白色，白色突出了克莱因蓝的灵动与优雅，这种风格让居家的空间更贴近自然。

图4-23（d）：相同色系的颜色搭配可以给空间带来不同的色彩感知，克莱因蓝在阳光的中和下显现出更加耀眼的光芒。

软装色彩搭配案例赏析

扫码阅读

本章小结

色彩赋予了软装设计新的生命力，色彩作为空间的主要元素，发挥了重要作用，本章从色彩的搭配原则、配色技巧上进行了详细讲解，同时，对时下流行的软装色彩进行了细致分析，并通过优秀的软装案例，将书中重要知识点进行解析。通过这一章的学习，可使读者对软装色彩形成全面的认知体系。

课后练习

1. 软装色彩应当遵循哪些搭配原则?
2. 最为常见的对比色组合有哪些?
3. 怎样利用色彩来传达软装的情感?
4. 墙面、地面、家具在选择色彩时，如何才能不出错?
5. 如何在软装设计中融入色彩的黄金法则?
6. 软装色彩混搭时，应当注意哪些细节问题?
7. 软装色彩的主色调与辅助色如何选择?
8. 如何在软装搭配中运用色彩的调和作用? 具体措施有哪些?
9. 在软装色彩搭配中，如何高效利用国际流行色增添空间魅力?
10. 请思考在同一空间中如何化解经典配色与时尚配色之间的矛盾。用软装搭配表现出来。

第五章

软装设计详解：家具篇

学习难度：★★★☆☆
重点概念：实用家具、装饰家具、多功能家具

PPT课件

章节导读

家具作为软装设计中最常见的元素，在软装中起到支撑作用，是一种感性的表达方式。家具与窗帘布艺、灯具照明、花卉绿植的搭配，给予软装设计更多可能性。

第一节　住宅空间家具陈设

一、入户玄关家具

玄关又称门厅，是给人第一印象的地方，在入户门空间玄关处设置一些具有实用性和装饰性的家具，不仅能增加收纳功能，还会让空间看起来更加整洁、协调（图5-1）。

1. 鞋柜

鞋柜通常放在门厅的一边，是进出大门必用的家具，其主要功能是储存鞋子，同时在款式上不断变化和创新，使其能够与不同的家居环境相配合，起到储存和装饰的双重作用（图5-2）。

2. 换鞋凳

将入户玄关处的换鞋凳分三种，每种都有多种样式可供选择，可以设计装饰出令人感觉舒适愉悦的空间（图5-3）。

图5-1　中式风格玄关

图5-1：精致的装饰画与玄关柜造型相呼应，低柜属于收纳型家具，可以放鞋、雨伞和杂物，台面上还可放钥匙、手机等物品。

（1）定制一体化长凳。用风格形态统一、有序的方式来组织空间与功能，将鞋柜、长凳、全身镜、挂钩、隔板等一体化长凳安排妥帖。

（2）独立储藏式长凳。独立的带有储物功能的换鞋长凳，是发挥小玄关空间功能的上佳之选。

（3）单独换鞋凳。单独的换鞋凳不用固定位置，随意取拿使用，灵活性高。闲时也能另作他用，非常方便，适合玄关空间较小的户型。

（a）单独鞋柜

（b）鞋柜+换鞋凳

（c）鞋柜、换鞋凳分离设计

图5-2 鞋柜

图5-2（a）：当玄关为走廊式时，鞋柜靠一面墙设计，尽量少占用走道面积，可以购买小型独立换鞋凳。

图5-2（b）：将鞋柜与换鞋凳组合在一起，在空余的面积设计挂钩，可以放置衣服、包包等物件。

图5-2（c）：当玄关处的面积有限时，可以将鞋柜与换鞋凳分开设计，根据喜好购买换鞋凳。

（a）定制一体化长凳

（b）独立储藏式长凳

（c）单独换鞋凳

图5-3 换鞋凳的种类

二、客厅家具

1. 电视柜

电视柜是客厅观赏率较高的家具，主要分为地台式、地柜式、悬挑式、拼装式、悬挂式几种（表5-1）。

表5-1　　电视柜的类型

名称	特征	图例
地台式	一般在装饰装修中是现场定制，采用石材制作台柜表面，大气、浑然一体。如果选购就要注意成品家具的长度了，不是所有的客厅都适合大体量的地台式电视柜。地台电视柜一般没有抽屉，液晶电视机挂在背景墙上即可	
地柜式	配合客厅中的视听背景墙，既可以安置多种多样的视听器材，还可以展示装饰品，让视听区达到整齐、统一的装饰效果。地柜式电视柜的容量很大，一般配置3~4个抽屉，可以存放很多物品	
悬挑式	需要预置安装，悬挑式电视柜的安装对墙体结构要求比较高，最好是实体砖砌筑的厚墙，能承载柜体和电视机的压力。悬挑式电视柜下方内侧可以安装发光软管灯带或日光灯管，营造出柔和的光源	
拼装式	按照客厅的大小可以选择一个高柜配一个矮几，或者一个高柜配几个矮几，这种高低错落的拼装式电视柜因其分合、造型富于变化，广受欢迎。拼装式电视柜让电视机的摆放位置更加丰富多样，很好的满足空间居住者的各种需求	
壁挂式	壁挂式电视柜非常小巧轻便，占用的空间较少，能节约出地面空间，显得居室更加开阔	

2. 沙发

沙发是家具产品中的大宗消费品，主结构为木质或金属材料，骨架应结实、坚固、平稳、可靠。皮质沙发一般以深色调为主，使皮质呈现出古典的质感，工艺要求较高。布艺沙发的面料应较厚实，经纬细密、平滑、无挑丝、无外露接头，手感紧绷有力（图5-4）。

3. 茶几

茶几的大小要根据空间的大小来选择，在比较小的空间中，可以摆放椭圆形、造型柔和的茶几，或是瘦长的、可移动的简约茶几，而流线型和简约型茶几能让空间显得轻松而没有局促感。茶几的摆放不一定要墨守成规，可以放在沙发旁或落地窗前，再搭配茶具、盆栽等装饰，可展现出另类的设计风格（图5-5）。

三、书房家具

1. 书桌+椅子

L型布局的书桌+椅子是最有效率的布置结构，不仅可以扩大工作面，还能适应任何角落以及过道，只要有墙面，搭上搁架就是很不错的书房工作区域，拿取资料也十分方便（图5-6）。

2. 书柜

书柜设计不宜过宽，书橱和书架的搁板要有一定的强度，以防书的重量过大，造成搁板弯曲变形。书橱旁边可摆放一张软椅或沙发，用壁灯或落地灯作照明光源，方便可以随时坐下阅读、休息（图5-7）。

图5-4　沙发

图5-5　茶几

图5-4：沙发主结构为金属材料，非常牢固，简洁的造型散发着现代简约风格的魅力，橘黄色的抱枕更添风采。

图5-5：茶几除了具有美观装饰的功能外，还要承载茶具、小饰品等，因此，也要注意它的承载功能和收纳功能。

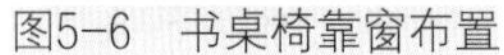
图5-6　书桌椅靠窗布置

图5-7　书柜靠墙布置

图5-6：L型书桌可用于放置电脑，不影响书写，最好将书桌的左侧面靠窗，这样光线就从书写者的左上方照射下来，不会因右手书写而遮挡光线。

图5-7：书柜旁的休息沙发一般放在面向窗户入门的一侧，在学习、工作疲劳时，可以抬头眺望窗外，有利于消除工作时给眼睛带来的疲劳感。

四、卧室家具

1. 床+床头柜

儿童房里床和床头柜的布置，要考虑儿童的各成长阶段及空间的可变性，要营造出温馨的氛围，避免儿童在独处时产生恐惧与不安的心理（图5-8），青少年的房间要突出表现他们的爱好和个性等。

主卧室的床要体现夫妻共同生活的需求和个性，配合其他装饰品创造出主卧室的温馨气氛和优美格调，使人能在愉快的环境中获得身心满足（图5-9）。

2. 衣柜

衣柜是卧室装修中必不可少的一部分，不仅具有收纳功能，而且是装饰亮点。衣柜可分为推拉式、平开式、入墙式、开放式四种形式（图5-10）。

图5-8　儿童床+床头柜

图5-9　主卧床

图5-8：儿童床要尽量避免棱角出现，边角要采用圆弧收边。

图5-9：主卧要营造出安心睡眠的氛围，家具以简洁、适用、和谐为原则，让人感觉舒适自在，床体要坚固稳定，软硬适中。

（a）推拉式

（b）平开式

（c）入墙式

（d）开放式

图5-10　衣柜

图5-10（a）：可推拉的衣柜门，轻巧，使用方便，空间利用率高。

图5-10（b）：平开式衣柜虽然没有推拉门衣柜那么节省面积，但造型唯美、优雅。

图5-10（c）：对于小户型和卧室面积不大的家庭来说，入墙式衣柜对空间的利用率更高。

图5-10（d）：将衣柜嵌入墙中，减少空间的占用，不全部封闭，整个柜体敞亮开放，里面的衣物明显易见。

推拉式衣柜也称一字型整体衣柜，可嵌入墙体直接成为硬装修的一部分；平开式衣柜是靠合页链接门板和柜体的一种传统开启方式的衣柜；入墙式衣柜又称整体衣柜，和整个墙壁融为一体，对空间的利用率较高，整体和谐美观；开放式衣柜也可称为开放式衣帽间，属于整体衣柜，存储功能强大。

3. 梳妆台

梳妆台一般由梳妆镜、梳妆台面、梳妆柜体、梳妆椅及相应灯具组成，是供整理仪容、梳妆打扮的家具。在客、卧室里，梳妆台独特的造型、大块的镜面及台上陈列的各式各样的化妆品，都能使室内环境更为丰富绚丽，若设计得当，不仅能完美发挥梳妆台的作用，还能兼顾书桌、床头柜或茶几的功能（图5-11）。

（a）组合式梳妆台

（b）线条感梳妆台

（c）独立式梳妆台

图5-11　梳妆台

图5-11（a）：组合式梳妆台是将梳妆台与同款床或其他家具组合，整个空间保持色调统一，这种方式适合空间较小的卧室。

图5-11（b）：线条感十足的梳妆台在房间中是一道亮丽的风景线，超大的台面北欧范儿十足，可以任意摆放化妆品。

图5-11（c）：独立式梳妆台即将梳妆台单独设立，灵活随意的装饰效果往往更为突出。

五、厨房与餐厅家具

1. 厨房

厨房家具的选购应着重质量、功能、颜色等因素，在设计上兼顾美观、实用、便利的基本要求；功能上要充分考虑个人的使用习惯及安全性（图5-12）。

2. 餐厅家具

餐桌以固定式居多，如果空间比较宽敞，可以采用固定式餐桌，但有的中餐桌为方形，在桌面上加置圆形可转动台面即可；如果房间面积较小，可采用活动式餐桌，在餐桌四周加上四块翻板，可以随意翻动、拉伸，从而扩大使用面积（图5-13）。餐厅的装饰酒柜主要起到储存餐具、酒、酒具和装饰空间的作用，一般分为固定式立柜和组合式壁柜两种，按照不同风格可以衬托出主体装饰形态，不会喧宾夺主（图5-14）。

（a）防火防水橱柜

（b）厨房与餐厅家具一体化

图5-12　厨房

图5-12（a）：厨房家具必须使用防火、防水的材质，还应具有耐磨、耐酸碱、防火、防菌、防静电等功能。

图5-12（b）：开放式厨房与餐厅相连，餐桌与橱柜形成一个整体，能够有效节省室内面积。

图5-13　活动式餐桌

图5-14　装饰酒柜

图5-13：活动式餐桌，可以根据室内搭配来布局，灵活性很强。

图5-14：酒柜的面积可大可小，应根据餐厅面积来设计，如果酒的种类较多，可以设计格子架，方便存储。

第二节　娱乐空间家具陈设

一、怀旧酒吧家具

1. 桌椅陈列

酒吧中的桌子一般采用人造大理石桌面，具有良好的体验感，座椅以舒适为主，皮质沙发或布艺沙发都是不错的选择（图5-15）。

2. 卫生间家具陈列

酒吧卫生间复古的装饰墙面、镜面、水龙头、展示品、盆景等，都是同系列的搭配元素，能够迅速营造卫生间的格调（图5-16）。

图5-15　布艺沙发座椅

图5-16　复古格调洗手台

图5-15：圆形桌面没有桌角，能够有效避免在昏暗的空间中产生碰撞，布艺沙发舒适度极高。

图5-16：洗手台上的纹理图案，与墙面的复古砖共同营造出卫生间氛围，金属水龙头突出复古质感。

3. 吧台+酒柜陈列

在酒吧空间中，吧台区的家具主要有吧台、吧椅、酒柜等。一般情况下，吧台周围常设计一些散客座椅，适合2人聚会，周围则是沙发卡座或多人桌椅区，适合3人及以上的人员聚会（图5-17）。

二、动感“KTV”家具

1. 前台陈列

“KTV”空间从前台接待处的家具陈列、软装配饰可以看出“KTV”的规模与经营模式。例如，主题式“KTV”特色明显，十分个性，能够让人感受与众不同的气氛；自助式“KTV”遵循了品牌风格，整体家具的陈列搭配上，相似性很高，尽管不同地区有所差别，但总让人有一种似曾相识的感觉（图5-18）。

酒柜，起着贮藏、陈列的作用，后吧上层的橱柜通常陈列酒具、酒杯、酒瓶，中间多为配制混合饮料的各种烈酒，下层橱柜存放红葡萄酒、酒具。

吧台，一般吧台高度为1～1.2m，需要按照调酒师的身高来确定，一般应该在调酒师的手腕处，这样操作十分省力。

吧椅，吧椅的选择要考虑到使用者的平均身高，以及人在坐上去之后，吧椅与吧台之间的高度差。

图5-17　吧台+酒柜陈列

图5-18　前台接待处家具陈列

图5-18：“KTV”前台设计关乎消费档次，我国的“KTV”前台接待处一般会设计吧台，台面上放置电脑、宣传小册子等物件，台下主要作为存储空间。吧台的造型、材质、色彩十分重要；其次，在陈列上要流畅，吧台前方不要有阻挡物出现，会阻碍视线。

2. 包间家具陈列

“KTV”包间根据空间大小的不同分为小包间、中包间、大包间、豪华包间，主要家具陈列有沙发、桌子、高脚凳、设备柜子、电视柜等。布艺软包沙发主要靠墙陈列，营造出休闲、自然的气氛；中部设置台桌，预留充足的过道；点歌机旁边设置高脚凳，作为主唱区；液晶电视屏下方的电视柜根据需求陈列，一般将插排、电线、开关放置其中（图5-19）。

3. 卫生间洁具陈列

由于“KTV”的空间规模较大，在卫生间洁具的陈设上，需要配备数量充足的洗手台与卫生间蹲位等洁具，且男女比例为1：1.5为佳，灯光效果要求光亮，即可满足顾客的洗涤需求，洗手台区域也不会显得拥挤（图5-20）。

图5-19 “KTV”包间家具陈设

图5-20 公共卫生间洁具陈列

图5-19：布艺软包沙发，营造出休闲、自然的气氛，在灯光的作用下，将娱乐氛围推向最高点。

图5-20：考虑到弱小群体的需求，设置一个较低的洗手台，对于小孩、老人，十分友好。

第三节　餐饮空间家具陈设

一、餐饮区家具陈列

由于餐饮空间的主要经营项目是饮食，主要家具陈设包含了餐桌、餐椅、沙发，因此餐厅里的家具造型和色彩对确定餐厅的基调起着很大作用。餐饮区的桌椅要符合餐厅的经营种类，与空间的硬装风格统一，同时要与整个室内装饰协调（图5-21）。

二、收银台家具陈列

餐厅收银台没有统一标准，都是根据实际情况和需求订做的（图5-22），要求高度适中。一般来说，通用的椅子高450mm，桌子高750mm，上下一般不超过50mm。吧台高度为900～1200mm，椅子的高度为650～800mm。

三、卫生间洁具陈列

在进行公共卫生间设计时，只有进行了合理设计，才能让其使用更加方便，让公共卫生间得到最大化的使用。公共卫生间男女厕位以1：1～2：3为宜，商业区以2：3为宜。目前，餐厅独立卫生间通常以

图5-21　餐桌椅陈列

图5-22　麦当劳收银台

图5-23　餐厅独立卫生间设计

图5-24　商场公共卫生间设计

图5-21：餐桌椅要与餐厅的经营种类相符合，儿童餐厅的桌椅高度要低于正常的桌椅高度，桌椅造型要卡通梦幻，吸引儿童的注意力，使儿童能够安静用餐。

图5-22：以麦当劳的收银台为例，收银台的高度适中，消费者在点餐时，能清楚地看到操作设备，对后厨的操作环境一目了然，同时，也方便收银员与消费者对话。

图5-23：在小型餐饮空间中，卫生间的数量可以不用设置过多，但至少要有两个卫生间。

图5-24：商场一般会有美食城，人流量大，对卫生间的需求较大，因此需要男女分离的卫生间，且数量较多。

男女1∶1比例来设计（图5-23），大型商场的餐厅中的卫生间主要依托于商场的公共卫生间（图5-24）。

四、展示柜陈列

餐饮空间里的陈列展示柜主要起到装饰空间、分隔空间、展示店内商品的作用。展示柜作为隔断使用时，一般采用半隔断或全隔断设计，商品展示轻松随意。而作为装饰柜使用时，为了满足人们观看物品的需要，高度可以自由设定，营造特定的艺术氛围（图5-25、图5-26）。

图5-25 分隔空间展示柜

图5-26 展品展示柜

图5-25：将展示柜作为厨房与就餐区的隔断，既不会显得突兀，还能增强餐饮空间的趣味性。

图5-26：将餐桌后的一面墙作为展示柜，为枯燥的墙面增添了趣味，具有良好的装饰效果。

第四节 休闲空间家具陈设

一、复古咖啡厅家具摆放

咖啡厅家具最常见的有餐桌、餐椅、卡座、吧台、吧凳等。

1. 操作台+展示柜

咖啡厅操作台主要放置咖啡机设备和各种咖啡，因此操作台比一般的台面要宽，高度不宜太高。一般会将操作台后方的墙面设置一整面展示柜，展示柜上用咖啡罐、杯具等代表性物品进行陈列展示，下部空间作为收纳区（图5-27）。

2. 餐桌椅

咖啡厅座椅的选择要符合咖啡馆主题风格。例如，布艺沙发在视觉上给人舒适自由的感觉；亚克力材质的硬质座椅，给人轻便、易移动的感觉；木质座椅给人坚固、自然的感觉（图5-28）。

3. 吧台+吧凳

吧台要与整体咖啡馆风格一致，但也要突出整体实用性和美感度，增加吧台的设计是不错的选择，可以依靠操作台、收银台或窗户设置吧台，占用的面积少，还可以容纳更多顾客（图5-29）。

图5-27 操作台家具陈设

图5-28 桌椅陈列

图5-27：操作台的家具尽量呈直线型布置，能够将各种设备有序排列开来，台面材质要防水防潮，容易擦拭。

图5-28：预留出过道面积，将餐桌椅整齐排列，利用不同材质的座椅，在视觉上进行空间分隔，效果良好。

（a）操作台吧台

（b）景观吧台

图5-29 吧台+吧凳

图5-29（a）：在操作区的尽头，配上几把高脚凳，就能够转化为热门的吧台区，吸引顾客前来观看咖啡的制作过程，也方便服务人员提供服务。

图5-29（b）：位于窗户一侧的吧台，是整个咖啡店中视野最好的区域，将窗外的景观尽收眼底，由于光线与日照较强，这一区域要选择耐晒材质的家具，同时也要注意防晒、防开裂等问题。

二、茶室家具布置

中式茶室的家具多采用原木、胡桃木或石材类的材质，地台、窗格等要素的使用可以很好地烘托气氛，再搭配一套别致的茶具，也可以摆放一些小的水景，增添自然风韵（图5-30）。

（a）茶室大厅家具陈列

（b）茶室雅间布置

图5-30　茶室家具布置

图5-30（a）：茶室大厅中的家具简洁大方，餐椅均采用天然木材制作而成，具有良好的触感，茶座布置以靠墙布置结合岛式布局，有效利用大厅空间，四人座与多人座合理布局，方便顾客选择。

图5-30（b）：木质家具散发出自然、原生态的气息，在轻柔的纱帘映衬下，家具多了一份柔和，少了一份坚硬。

第五节　办公空间家具陈设

一、职员办公室家具

办公家具与陈设品能体现空间内涵与魅力，提升办公环境品位、烘托气氛、营造意境（图5-31）。

二、总裁办公室家具

总裁办公室家具在办公室室内空间所占比重较大。例如，布置沙发座椅、茶几、办公的柜体，在烘托办公室室内环境气氛方面，可以通过家具本身的造型、色彩和材质等因素来完成（图5-32）。

三、其他办公空间家具

1．休息室家具

休息室的家具以休闲沙发、舒适座椅、小型餐桌为主，尽量不要和办公区域相连，这样员工在休息时就不会被其他人打扰，可以尽情放松（图5-33）。

（a）洽谈区桌椅

（b）员工办公桌椅

（c）办公隔断

（d）文件柜

图5-31　职员办公室家具

图5-31（a）：办公家具的设计应与空间有机地结合起来。合理而高效的利用空间。

图5-31（b）：办公家具的设计应充分考虑组织架构、人数等，满足特殊性以及空间要求。

图5-31（c）：公司有多个职能部门，玻璃隔断墙将各个部门进行空间分隔。

图5-31（d）：文件柜是职员办公空间不可缺少的家具，主要用于存放各种文件资料。

图5-32　总裁办公室家具

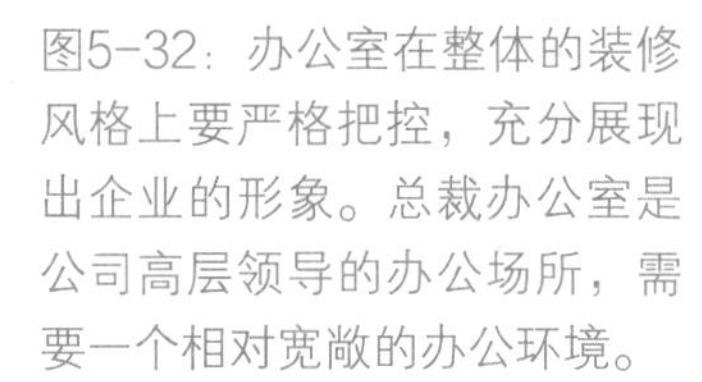

图5-32：办公室在整体的装修风格上要严格把控，充分展现出企业的形象。总裁办公室是公司高层领导的办公场所，需要一个相对宽敞的办公环境。

（a）休息室家具布局

（b）休息室+茶水间家具布局

图5-33　休息室家具

图5-33（a）：休息室的家具以舒服为主，在布局时应当随意、自由组合，才能与办公空间家具有效区分，使人从办公室的气氛中脱离出来。

图5-33（b）：在办公空间面积较大时，可将休息室与茶水间设计在一起，方便员工交流、喝茶等活动。

2. 茶水间家具

茶水间的设计是为了让员工在紧张的工作之余能够缓解工作压力，促进情感交流的场所，因此，茶水间家具整体的色调应该以清爽舒适的颜色为主，例如，浅绿色、黄色、原木色等有助于缓解员工疲惫而紧张的神经（图5-34），也是体现出公司的人文关怀，有利于促进员工产生对公司的归属感，提升忠诚度。

3. 会议室家具

会议室家具的陈列方式一般按照空间的大小来布置，会议桌以长方形、椭圆形居多，以居中放置为主，桌子长边对应房间较宽的一边较为合理。一般情况下，会议室是容纳一个部门员工开会的空间，也是需要接待客户谈话的空间，虽然使用次数有限，但桌椅的选择要更加严谨，并赋予使用空间的用途（图5-35）。

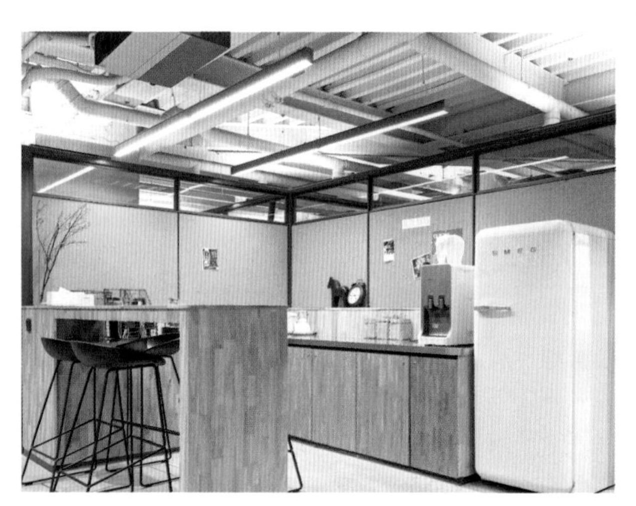

图5-34 原木色茶水间家具

图5-35 桌椅组合

图5-34：原木色家具容易打造出休闲、放松的气氛，营造温馨、舒适的环境。

图5-35：桌椅的摆放方式由会议室的面积来决定，一般采取长边对长边，短边对短边的形式。

家具陈设与软装案例赏析

扫码阅读

本章小结

在不同的空间中，家具陈列有所不同，本章通过概述住宅空间、娱乐空间、休闲空间、餐饮空间、办公空间的家具陈列方式，讲述了家具在软装空间中的装饰作用。通过对各个类型的空间进行家具布局，让设计初学者在今后的软装设计中，能够形成自己的家具陈列风格，创新家具陈列形式。

课后练习

1. 客厅家具有哪些陈设技巧？
2. 简述住宅空间的家具陈设规律。
3. 酒吧家具与住宅家具的陈列有何不同？
4. 餐饮空间的主要家具有哪些？
5. 休闲空间中最常见的家具是什么？
6. 如何利用家具营造出休闲的气氛？
7. 总裁办公室与职员办公室的家具如何布局？如何呈现出总裁办公室的气派？
8. 咖啡厅与酒吧的家具陈列方法是否存在相同之处？
9. 请思考家具在软装设计中的意义及其对软装设计的利弊关系。
10. 以娱乐空间为例，对其进行软装设计，标明设计材质，并进行设计说明。

第六章

软装设计详解：布艺篇

学习难度：★★★☆☆
重点概念：种类、作用、陈设效果、色彩搭配、摆放技巧

PPT 课件

章节导读

想要拥有更好的环境空间，适当的软装布艺装饰能够达到良好的效果。或许小小的布艺装饰很不起眼，但是在整体的软装中，却充当了非常重要的角色。布艺装饰赋予了空间情调，为陈设增添多样化的可能性，布艺是软装空间设计中的点睛之笔。

第一节　布艺装饰的作用

一、布艺的分类

以布为主要材料进行加工制造的装饰产品都属于布艺饰品。布艺的色彩和材质都是非常丰富的，所以它的装饰效果十分突出，布艺能表达出个人爱好及品位，因为采用的元素比较广泛，能与不同风格空间搭配（图6-1）。

二、布艺的功能

布艺在软装饰中有吸音、隔断、保护隐私等功能，布艺能够很好地制造出舒适、柔软的环境，即使是坚硬的墙体或瓷砖地面，铺设毛茸茸的地毯也能化解空间中的冷硬感，使空间变得温柔起来（图6-2）。

窗帘的作用在于保护隐私，室内不同的区域，对于隐私的要求程度有不同的标准。例如，客厅这类公共活动区域，对于隐私的要求相对较低，大部分时间都会将窗帘拉开，因此客厅的窗帘主要起装饰作用［图6-3（a）］；窗帘是

卧室中必不可少的布艺，需要营造出温馨舒适的睡眠氛围，应选用一些材质较厚、颜色较深的窗帘，这样才能抵挡住刺眼的阳光［图6-3（b）］。

（a）明黄色布艺沙发

（b）珊瑚色布艺沙发

图6-1　布艺沙发

图6-1（a）：明黄色被应用到窗帘、沙发、地毯上，本就活力四射的颜色使得布艺更加充满热情。

图6-1（b）：珊瑚色的布艺沙发，粉粉嫩嫩，非常可爱，可根据喜好更换不同颜色的沙发套。

（a）深绿色布艺沙发

（b）青绿色布艺沙发

图6-2　布艺沙发的搭配

图6-2（a）：深绿色布艺沙发作为客厅的视觉中心，搭配白色簇绒地毯与茶几、抽象壁画，非常温馨。

图6-2（b）：青绿色布艺沙发造型新颖，比较时尚。灰色的拇指沙发与青绿色的地毯组成了柔和的色调。

（a）浅灰色系窗帘

（b）深褐色窗帘

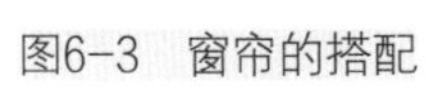

图6-3　窗帘的搭配

图6-3（a）：布艺在此处应用非常广泛，灰色布艺沙发与毛茸茸的抱枕惹人喜爱。蓝灰色系的窗帘厚重踏实，几何纹路的地毯与羊毛毯色系统一，就连易碎的镜子也裹上了一层令人安心的绒布。

图6-3（b）：对于卧室、洗手间等隐私性较强的区域，在选择窗帘时需考虑各个区域私密性的差异。

第二节　窗帘布艺的选配

一、窗帘的种类

1. 百叶式窗帘

百叶式窗帘有水平式和垂直式两种，水平式窗帘由横向板条组成，板条有木质、钢质、纸质、铝合金质和塑料等材质。百叶帘的最大特点在于光线在不同角度可得到任意调节，使室内的自然光富有变化，要稍微改变一下板条的旋转角度，就能改变采光与通风［图6-4（a）］。

2. 卷筒式窗帘

卷筒式窗帘有多种形式，有通过链条或电动机升降的产品，也有家用的小型弹簧式卷筒窗帘，可手拉开合。卷筒式窗帘的特点是不占地方、开关自如、简洁、素雅，有单色的、花色的，也有一幅帘子是一整幅图案的，比较适合安装在书房、有电脑的房间和面积较小的居室［图6-4（b）］。

3. 折叠式窗帘

折叠式窗帘的机械构造与卷筒式窗帘差不多，一拉即下降，收起时从下面一段段打褶后上升，这种折叠窗帘的安装方法是比较实用的，它不需要滑轮，直接将窗帘插入盒内挂在墙上，装饰帘头可以采用半截式来提升窗户的视觉效果［图6-4（c）］。

4. 垂挂式窗帘

垂挂式窗帘由窗帘轨道、装饰挂帘杆、窗帘楣幔、窗帘、吊件、窗帘缨和配饰五金件等组成，呈现出的效果是非常美观大方的［图6-4（d）］。

图6-4（a）：白色的百叶式窗帘能够与各类软装风格搭配，只需轻轻拨动中间的板条，就能改变水平幅度。

图6-4（b）：材质为竹子，既能遮强光又能通风透气。深沉的颜色能在夏季带来凉意，适合多种场所。

图6-4（c）：细碎的桃红色小花与青绿色结合，格子纹理细腻别致。与居室整体的田园风格搭配一致。

图6-4（d）：绿色的窗帘内敛而含蓄，对于身处喧嚣都市的人来说，或许可以讨回一份宁静。

（a）百叶式窗帘

（b）卷筒式窗帘

（c）折叠式窗帘

（d）垂挂式窗帘

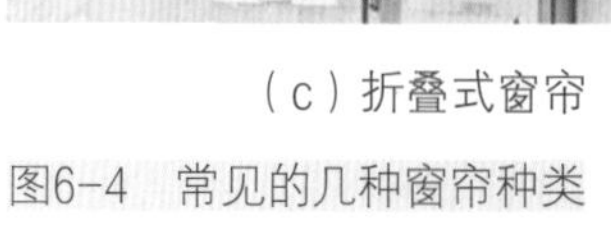

图6-4　常见的几种窗帘种类

二、窗帘的色彩

挑选窗帘时要考虑其颜色与装修效果的搭配。如果家具大多是布艺的，窗帘应当选择颜色较为清浅的纤维布料；若家具多为皮制或实木，可以选择颜色较深的窗帘。阳光比较足的空间，最好选用深色多层窗帘，这样能够有效减弱射入室内的光线；光线不足时，应当考虑选择浅色轻纱或蕾丝窗帘（图6-5）。

三、窗帘的面料

根据窗帘的质地搭配适用的空间，如浴室、厨房应选择防水、防油、容易洗涤的布料，且风格力求简单流畅；客厅、餐厅宜用落地布艺窗帘，款式上可加配帷幔；卧室窗帘要求厚质、温馨，以保证生活隐私性及睡眠安逸，款式以简洁为主；书房窗帘要透光性能好，选择明亮、自然的隔音帘或素色卷帘等淡雅的色彩较好（图6-6）。

（a）深蓝色与白色相间的窗帘

（b）小清新风格的窗帘

图6-5 需要的色彩

图6-5（a）：深蓝色与白色相间的窗帘，与浅蓝色沙发呼应，给人静谧的感受。蓝色可以与高级灰一起营造高贵优雅的氛围。调性的叠加，将使空间更加迷人。

图6-5（b）：浅灰色的墙壁，白色的床品与沙发，搭配小清新风格的窗帘，素净舒适。“窗帘跟着靠垫走”是最安全的选择，不一定要完全一致，只要颜色呼应。

（a）绸缎窗帘

（b）棉麻窗帘

（c）纱织窗帘

图6-6 各种窗帘

图6-6（a）：绸缎窗帘的色泽饱满，色彩的饱和度高，褶皱处散发着光彩。

图6-6（b）：棉麻窗帘略显厚重，但具有良好的遮阳效果，与绸缎窗帘相比，棉麻的纹理更明显。

图6-6（c）：纱织窗帘的透光性很强，一般运用在光线较差的空间，起到遮蔽隐私的作用。

四、窗帘的图案与大小

高大的房间宜选横向花纹，低矮的房间宜选竖向花纹，不同年龄段的人爱好不同，对窗帘颜色花样的喜好也不一样，但图案都不宜过于琐碎，要考虑打褶后的效果（图6-7）。

窗帘的长度要比窗台稍长一些，以避免风大掀帘，败露于外，窗帘的宽度要根据窗子的宽窄而定，使其与墙壁大小相协调，较窄的窗户应选择较宽的窗帘，以挡住窗户两侧的墙面（图6-8）。

图6-7　咖啡色格子图案窗帘

图6-8　别墅窗帘长度

图6-7：深沉的咖啡色格子图案非常低调含蓄，适合中年人使用，能让人沉心静气，安置在书房能让人享受独处工作时的宁静淡然。

图6-8：别墅常常具备巨大的落地窗，此时当然要挑选能覆盖整体窗户的窗帘长度，让人感觉有气势。

第三节　餐桌布艺的布置技巧

一、风格协调统一

目前流行的餐桌布艺风格有很多种，如新中式、美式、北欧风、日式、混搭等都是时下较为受欢迎的风格（图6-9）。

二、色彩搭配舒适

餐桌桌布的搭配一般选用干净、明亮的浅色，椅套不仅可以与家中出现较多的颜色进行统一，也可选择鲜艳的颜色搭配，保持整体色彩的协调（图6-10）。

（a）美式风格

（b）混搭风格

图6-9　餐桌布艺风格

图6-9（a）：美式风格布艺有着巴洛克的奢侈与贵气，桌布上的装饰贵气逼人，椅面上的碎花布艺多姿多彩。

图6-9（b）：不规则样式的桌布，与混搭风格非常匹配，表现出不羁的个性，圆形编织餐垫又呈现出整齐划一的秩序感，与整体风格完美融合。

（a）北欧简洁

（b）中式禅意

（c）现代简约

（d）时尚混搭

（e）田园碎花

（f）蓝色格子

（g）植物纹饰

（h）动物纹饰

图6-10　餐桌布艺搭配

三、材质耐用美观

棉质的布艺清洗方便，易于打理，具有超强的吸水性和柔软性，手感较好，而且有很多纯色或花色的式样便于选择；棉麻布艺质感较好，耐磨耐用，这种面料环保健康，使用较为广泛；绸缎餐桌布看起来比较华丽高贵，在酒店、晚宴、婚庆中使用较多（图6-11）。

（a）纯棉布艺

（b）棉麻布艺

（c）蕾丝花边布艺

图6-11　餐桌布艺材质

图6-11（a）：绿色+花纹的纯棉布艺材质，给纯色的桌布增添了生机，使餐饮空间看起来更具活力。

图6-11（b）：棉麻的桌布具有良好的质感，在北欧风格与田园风格中运用较多，容易打造出简约的质感。

图6-11（c）：将纯棉的桌布加上蕾丝花边，营造有格调的家庭环境。

第四节　抱枕产品的混搭妙招

一、抱枕的形状类型

抱枕的形状非常多样，有方形、圆形、长方形、三角形等，根据不同的需求，抱枕的造型和摆放要求也有所不同，越来越多的造型和色彩上也融入更多奇思妙想（图6-12）。

二、抱枕的摆设原则

1. 对称法摆设

将抱枕对称摆放，可以给人整齐有序的感觉。摆设时在色彩和款式上也应该尽量坚持对称原则，把握好对称平衡感，便能使它们成为视觉焦点的一部分（图6-13）。

2. 不对称法摆设

不对称法摆设主要有两种形式：一种是“3＋1”摆放，即在沙发的其中一侧摆放三个抱枕，另一侧摆放一个抱枕，这种组合方式看起来比对称的摆放更富有变化，但需要注意的是，“3＋1”中的“1”要和“3”中的某个抱枕的大小款式保持一致，以实现沙发的视觉平衡，使搭配更加和谐，增强居

方形抱枕

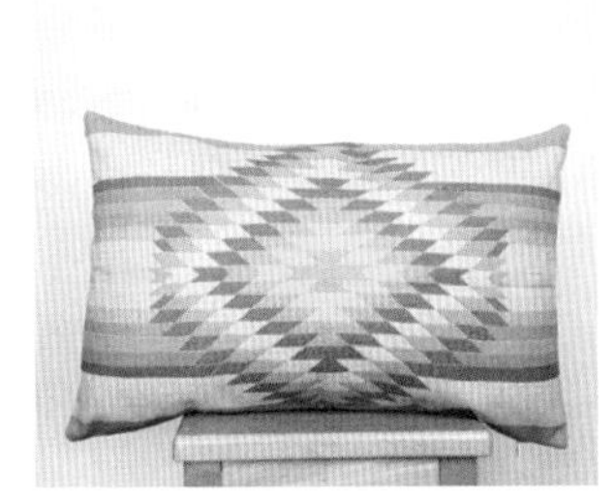

长方形抱枕

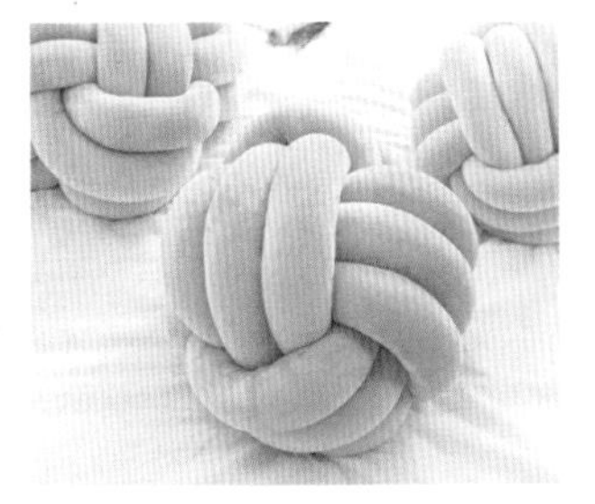

圆形抱枕

异型抱枕

图6-12 抱枕类型

（a）数量对称法摆设

（b）色彩对称法摆设

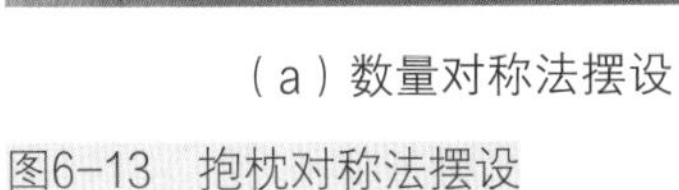

图6-13 抱枕对称法摆设

图6-13（a）：数量相同的抱枕，在视觉上达到相对平衡，令整个沙发看起来稳定，给人整齐的感觉。

图6-13（b）：色泽花样相同的抱枕并排，在视觉上有一种以白色抱枕为中心的视觉感，整体效果依然趋向于平衡，能制造和谐的韵律感，还能给人以祥和温馨的感受。

室的整体感［图6-14（a）］；另一种不对称摆放方案是“3+0”，由于人们总是习惯性地第一时间把目光的焦点放在右边，因此，在集中摆放时，最好将抱枕都摆在沙发的右侧，这种方法适用于古典贵妃椅造型或规格较小的沙发［图6-14（b）］。

3. 远大近小法摆设

远大近小法是指越靠近沙发中部，摆放的抱枕应越小。将大抱枕放在沙发左右两端，小抱枕放在沙发中间，会给人一种和谐舒适的视觉感受（图6-15）。

4. 里大外小法摆设

对于座位比较宽的沙发座位进深比较深，通常需要由里至外摆放几层抱枕，布置时应遵循里大外小的原则，在沙发靠背的地方摆放大一些的方形抱枕，然后在中间摆放相对较小的方形抱枕，最外面适当增加一些小腰枕或糖果枕，这样使得整个沙发区看起来层次分明，且舒适性极佳（图6-16）。

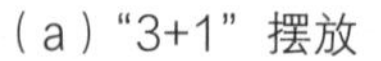

（a）“3+1”摆放　（b）“3+0”摆放

图6-14　抱枕的不对称法摆设

图6-15　远大近小法摆设

图6-16　里大外小法摆设

图6-15：将大抱枕放在沙发左右两端，小抱枕放在沙发中间，给人的感觉会更舒适。

图6-16：红色花纹的小号抱枕搭配灰色系的大号抱枕，显得层次分明。

- 补充要点 -

抱枕搭配

1. 白色百搭，各种色彩可选。当客厅的墙面为白色时，选择跳跃性的色彩能够起到过渡作用，如深色抱枕显得稳重大方，色彩鲜艳的抱枕能够增加沙发的质感。

2. 同色系相互衬托，碰撞出新搭配。选择与沙发背景墙同色系的抱枕，利用抱枕深浅不一的色彩，与沙发搭配出层次感，例如，清新淡雅的抱枕与浅色的沙发搭配，显得温馨又美好。

3. 色彩混搭，协调整体风格。室内色彩有些单调时，可以利用纹路线条等样式，或者色彩斑斓的抱枕，让气氛更活跃，能够有效缓解室内色彩因单调带来的乏味感。

第五节　地毯的选用与铺装

一、羊毛地毯的应用

羊毛地毯的手感柔和、弹性好、色泽鲜艳且质地厚实、抗静电性能好、不易老化褪色，有较好的吸音能力，可以降低各种噪声，但它的防虫性、耐菌性和耐潮湿性较差。羊毛地毯毛纤维热传导性很低，热量不易散失，一般用在高级宾馆、酒店、会客厅、接待室、别墅、国家场馆等高级场所（图6-17）。

（a）方形羊毛地毯

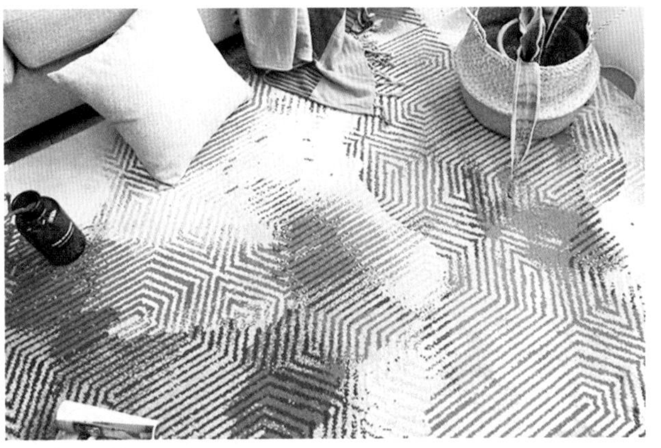

（b）颜色协调

图6-17　羊毛地毯

图6-17（a）：羊毛地毯价格相对偏高，容易发霉或被虫蛀，家庭使用一般选用小块羊毛地毯进行局部铺设。

图6-17（b）：挑选地毯时，看毯面的颜色。把地毯平铺在光线明亮处，观看全毯颜色要协调，不可有变色和异色之处，染色也应均匀，忌讳忽浓忽淡。

二、纯棉地毯的选择

纯棉地毯有平织的、纺线的，有细绒的，也有粗绒的，其中簇绒系列装饰效果突出，便于清洁。纯棉地毯有加底的，也有无底的，一般来说，浴室、入口、餐厅等区域可选用加底的，主要起到防滑作用；客厅及卧室、书房等干区可选用无底的，固定效果更突出（图6-18）。

三、合成纤维地毯的组成

合成纤维地毯最常用的分为两种：一种使用面主要是聚丙烯，背衬为防滑橡胶；另一种主要是化纤簇绒系列的。合成纤维地毯的花样品种繁多，具有质量轻、耐磨、色彩鲜艳，不宜褪色等特点；合成纤维簇绒地毯容易起静电，视觉效果和脚感舒适度较差，一般作为门垫使用（图6-19）。

四、塑料地毯的铺设

塑料地毯又称橡胶地毯，是采用聚氯乙烯树脂、增塑剂等多种辅助材料，经均匀混炼、塑制而成，它可以代替纯毛地毯和化纤地毯使用，具有质地柔软、色彩鲜明、舒适耐用、不易燃、不怕湿、不虫蛀，不霉烂、弹性好、耐磨等特点，适用于商场、舞台、住宅等场所，也可用于浴室起防滑作用（图6-20）。

（a）印度风格手工全棉地毯

（b）雪尼尔簇绒地毯

（c）优雅风格地毯

图6-18　纯棉地毯

图6-18（a）：印度风格手工全棉地毯，橘红色、大地色、天蓝色都能为家里增添一丝活力。
图6-18（b）：全棉的雪尼尔簇绒地毯，非常柔软。因其强大的吸水性，一般会在门口放置。
图6-18（c）：几何图案与流苏结合，米色与灰色的组合气质娴雅。手感非常舒适，一般放置在沙发或床前。

图6-19：化纤地毯外观与手感类似羊毛地毯，耐磨而富弹性，具有防污、防虫蛀等特点，价格低于其他材质地毯。化纤地毯表面有毛丝，可以用作室内防滑地毯，而且当鞋子摩擦地毯后，地毯产生了静电，可以吸收鞋子上的灰尘。

图6-20：大部分塑料地毯的抗腐蚀能力强，不与酸、碱反应，耐用、成本低、容易被塑制成不同形状，是良好的绝缘体。

图6-19　合成纤维地毯

图6-20　塑料地毯

五、草编地毯的清洁

草编地毯是利用各种柔韧草本植物为原料加工编织的地毯，有利于环保，不会对环境造成污染。草编地毯使用时间久了，可能会产生少量包藤部位松散的现象，因此，尽量不要拉拽地毯，防止地毯变形或损坏，草编地毯易发霉产生霉斑，可在阳光下暴晒后，用酒精擦拭，最后用洗衣粉刷洗（图6-21）。

（a）草编地毯室内满铺

（b）草编地毯局部装饰

图6-21　草编地毯

图6-21（a）：与其他类型的地毯相比较，草编地毯具有良好的透气性，手感清爽，冬暖夏凉。

图6-21（b）：局部铺设草编地毯，可用来点缀空间，且草编地毯防滑，经济实用、美观大方。

- 补充要点 -

壁毯装饰品分类

随着人们对家装要求越来越高，壁毯被广泛应用在家庭装修里面，是挂在墙壁、廊柱上作装饰用的地毯类工艺品，能有效提高装饰档次（图6-22）。

（a）几何图案壁毯

（b）流苏壁毯

（c）波纹图案壁毯

（d）电影人物壁毯

（e）禅意壁毯

（f）油画壁毯

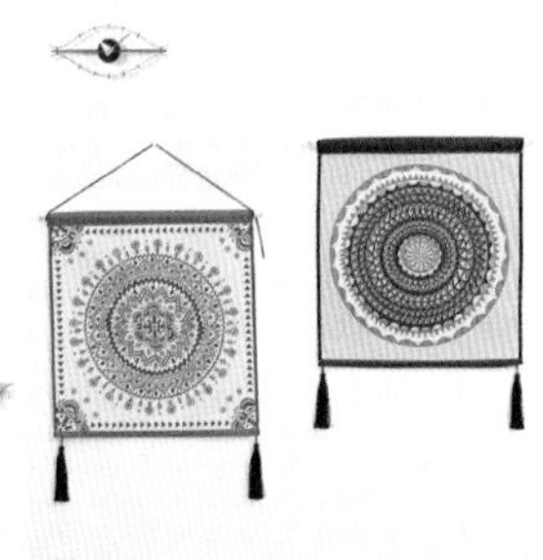

（g）民族风壁毯

（h）河流图案壁毯

（i）渐变色壁毯

图6-22　壁毯类型

第六节　床上用品的搭配方法

一、床罩的款式质地

注意床罩所选面料不宜太薄，网眼不宜过大，图案和色彩应与墙面和窗帘相协调，制作床罩时要根据床的大小和式样来决定，并且按照床的高度，以垂至离地100mm左右为宜（图6-23）。

二、床单的自由搭配

床单的颜色需要与卧室内的整体效果搭配，一般建议用暖色调，比如床单、窗帘、枕套皆使用同一色系或淡雅的图案，尽量不要用对比色，避免给人太强烈、鲜明的感觉而不易入眠（图6-24）。

（a）韩式风格床罩

（b）欧式风格床罩

（c）现代风格床罩

图6-23　床罩

图6-23（a）：带有韩式风格的蕾丝花边深得女孩子喜爱，清丽的抹茶色，飘逸的裙摆给人带入纯真的梦境。

图6-23（b）：欧式风格床罩，肌理感强烈。宝蓝色给人奢华的质感，蕾丝刺绣工艺给人精致感。

图6-23（c）：现代风格床罩款式简约、色彩单一，但饱和度高，与其他单品能搭配出不错的效果。

（a）纯色床单

（b）格子床单

（c）条纹床单

图6-24　床单

图6-24（a）：果绿色的床单与米色的窗帘搭配出了极简的风格，素色的运用给人低调朴实的感觉。

图6-24（b）：粉色格子床单与房间墙面形成深浅层次，显得非常可爱，少女感满满。

图6-24（c）：条纹床单色彩丰富，与浅蓝色的墙面搭配出海洋的气息，十分清爽、明亮。

三、被套的面料选择

被套是直接接触皮肤的，而纯棉制品具有较好的吸湿性，透气性好，对人体有益无害，卫生性能良好。聚酯纤维被套质地平和，手感柔顺，价格低廉，但易起球且透气性差（图6-25）。

四、枕套的配套布置

枕套随着床罩的发展变化，款式种类也越来越多，如网扣、绣花、皱边、补花、拼布等，根据其他床上用品的选择来配套布置，色彩、质地、图案等应与床单相同或近似为宜（图6-26）。

（a）纯棉被套

（b）聚酯纤维被套

图6-25　被套

图6-25（a）：粉红色纯棉被套是女孩子喜欢的公主风，极具甜美气息。

图6-25（b）：明黄色聚酯纤维被套与飘窗上的明黄色小抱枕呼应，米色和灰色作为配色，很完美。

（a）公主风枕套

（b）北欧风格枕套

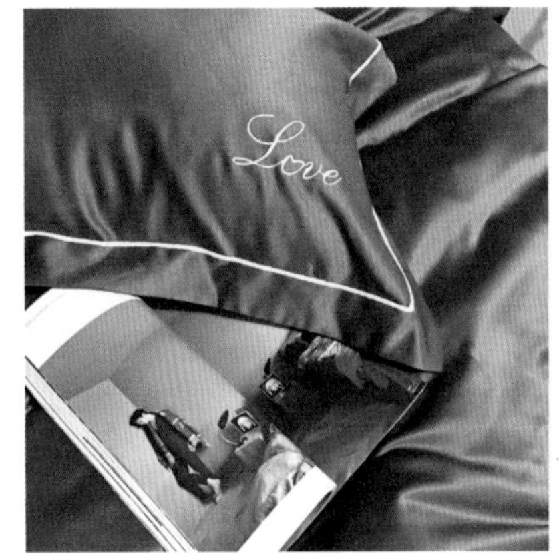

（c）宝蓝色枕套

图6-26　枕套

图6-26（a）：全棉材质的面料，公主风褶皱边设计，纯白色的枕套，给人梦幻感。

图6-26（b）：藕粉色的格子枕套，散发着北欧气息，时尚大方，简约不失格调。

图6-26（c）：丝绸质地的宝蓝色枕套，给人浪漫华丽的感觉，其独特的材质对秀发具有保护作用。

布艺软装陈设案例赏析

扫码阅读

本章小结

本章主要介绍了软装设计中的布艺产品，布艺在软装中占据了较大比重，不同材质的布艺在视觉、触觉上带来不同的效果。小到一块地毯，大到一整面墙壁的窗帘，都需要软装设计师精心布局。对布艺的选购、色彩搭配、布局技巧进行细致分析，有利于将软装布艺与各类设计风格相匹配。

课后练习

1. 阐述布艺在软装设计中的作用。
2. 餐厅的布艺装饰有哪些技巧？
3. 目前市面上的抱枕种类主要划分为几类？
4. 如何根据软装设计来选择地毯？
5. 布艺摆放的对称美与不对称美应当如何表现？
6. 床上用品的材质与色彩应当如何选择？有哪些选购技巧？
7. 窗帘布艺在选择时，应当如何与整体软装相匹配？
8. 举例说明暖色调与冷色调布艺的视觉感受。
9. 布艺饰品的保养与清洁方法有哪些？如何有效延长布艺饰品的使用年限？
10. 独立完成某一空间的软装设计，要求具有创新思维。

第七章
软装设计详解：饰品篇

学习难度：★★★☆☆
重点概念：应用、分类、布置方式、书画、绿植、灯光

PPT 课件

> 章节导读

软装工艺品的表现形式和内涵非常丰富，根据其性质又有各式各样的造型，可以说工艺品的艺术性是最强的，装饰效果也是最突出的，而且摆放、搭配都比较容易。

第一节　创意摆件的应用

一、装饰摆件的分类

装饰摆件按照不同的造型分为人物装饰摆件、动物装饰摆件等；按照不同的材质分为木质装饰摆件、陶瓷装饰摆件、金属装饰摆件、玻璃装饰摆件、树脂装饰摆件等（图7-1）。

二、摆件的布置原则

饰品摆放不宜过多，可根据季节或节日适当地将不同的饰品依次分类、更换，从而变换不同的居室心情（图7-2）。

（a）木质装饰摆件

（b）金属装饰摆件

（c）玻璃装饰摆件

（d）树脂装饰摆件

（e）陶瓷装饰摆件

（f）铜质12生肖摆件

图7-1　摆件

图7-1（a）：木质装饰摆件是以木材为原材料加工而成的工艺饰品，给人一种原始而自然的感觉。

图7-1（b）：金属装饰摆件，具有结构坚固、不易变形、耐磨的特点。其几乎适用于任何装修风格的家庭。

图7-1（c）：玻璃装饰摆件的特点是玲珑剔透、晶莹透明、造型多姿，还具有色彩鲜艳的气质特色，适用于室内陈列。

图7-1（d）：树脂装饰摆件可塑性好，可以被塑造成动物、人物、卡通等任意形象，以及反映节日等主题的工艺品。

图7-1（e）：水果造型的陶瓷摆件，给人厚重朴实的感觉，独特的质感与颜色，让人忍不住想触摸。

图7-1（f）：铜质装饰摆件是金属装饰摆件中的一种，其价格高昂，工艺精湛，质感好，能够展现出优雅、高贵的气质，铜质12生肖摆件色泽光鲜、稳重，给人历史感。

（a）对称平衡摆放

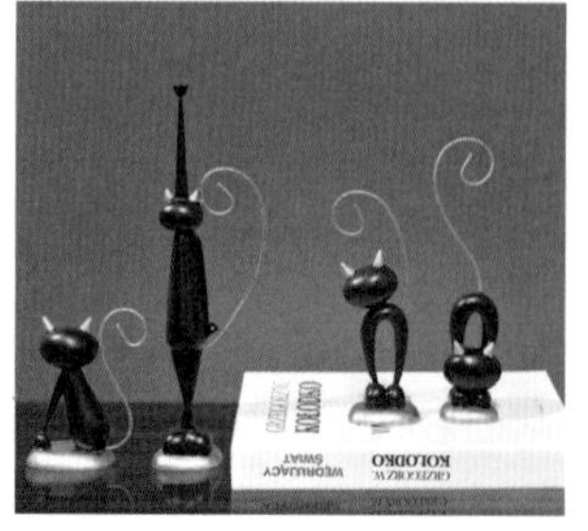
（b）层次分明摆放

（c）多个角度摆放

（d）同类风格摆放

图7-2　工艺品摆放原则

第二节 书画艺术品的选择

一、书法作品

书法作品是书法艺术的一种相对完整的表现形式，也是一种娱乐方式，历来作为室内装饰和陈设的重要内容。书法的装裱是以麻、纸、布、帛等材料在书法作品背面裱褙数层，配上边框，牢固美观，便于收藏和观赏（图7-3）。

图7-3 书法作品

图7-3：室内挂字画讲究“上不碰顶”，即挂的字画顶部不能触碰到房屋的顶部，要留有一定的距离。

二、装饰画

装饰画是一种集装饰功能与美学欣赏于一体的艺术品。随着科学技术的进步与发展，装饰画的载体与表现形式也越来越丰富，常见的有油画、水彩画、烙画、镶嵌画、摄影画、挂毯画、丙烯画、铜版画、剪纸画、木刻画等，极大提高了当今人们对品质生活的追求和热爱。由于各类装饰画表现的题材和艺术风格不同，因此选购时要注意搭配相应的画框，看是否适合空间风格（图7-4）。

（a）靓丽的装饰画

（b）素雅的装饰画

图7-4 装饰画

图7-4（a）：在餐厅内配一幅明快欢乐的画，会带给你愉悦的进餐心情。无论是质感硬朗的实木餐桌还是现代通透的玻璃餐桌，只要风格、色彩搭配得当，装饰画能与餐桌营造出相得益彰的感觉。

图7-4（b）：沙发通常是客厅的主角，在选择客厅装饰画时常常以沙发为中心。中性色和浅色沙发适合搭配暖色调的装饰画，红色等颜色比较鲜亮的沙发适合配以中性基调或相同、相近色系的装饰画。

第三节　绿植花艺的布置

一、不同空间的花艺选择

花艺在不同的空间内会表现出不同的效果，花艺合理配搭、设计，逐一对号入座，可以形成完整系统的空间规划与空间布局。例如，在玄关处选择悬挂式的花艺作品挂在墙面上，能让人眼前一亮，但应当尽量选择简洁淡雅的插花作品（图7-5）。

二、花艺的感官效果

花艺的选择需要充分考虑人的感官需要，例如，餐桌上的花卉不宜使用气味过于浓烈的鲜花或干花，否则会影响用餐者的食欲；卧室、书房等场所，选择淡雅的花材，能使居住者心情舒畅，有助于放松精神，缓解疲劳（图7-6）。

三、花艺与软装风格搭配

东方风格的花艺追求意境，崇尚自然，喜好使用淡雅明秀的颜色及简洁的造型；西方风格花艺强调色彩的装饰效果，注重花材的形式美和色彩美，花材种类多、数量大，如同油画一般，丰满华贵。选择何种花艺，需要根据空间设计风格进行把握，如果选择不当，则会显得格格不入（图7-7）。

（a）卧室花艺

（b）卫浴间花艺

图7-5　花艺的选择

图7-5（a）：卧室内的花艺主要以满足睡眠质量为中心，因此不可选择香味过于浓郁，或是色彩过于艳丽的花卉，一支龟背竹既满足了装饰性又能让人静下心来。

图7-5（b）：卫浴间花艺，能够给人舒适的感受，但因为此处接触水比较多，所以可以选择玻璃瓶等容器。

（a）薰衣草与柳条

（b）野芋

图7-6　花艺的效果

图7-6（a）：薰衣草与柳条在餐桌上的混搭别有一番韵味，柳条婀娜多姿，使餐桌更具吸引力。

图7-6（b）：书房内的花艺装饰，常以绿植为主，不仅不会影响工作氛围，还能净化空气。

（a）中式风格花艺

（b）日式风格花艺

图7-7　中式和日式风格花艺

图7-7（a）：中式风格的花艺注重写意感，形式美，是如山水画般，若隐若现、深沉内敛的美。

图7-7（b）：日式花艺往往点到即止，令人意犹未尽，造型精致的花瓶搭配小朵花枝，给人多一分则腻，少一分则寡的感受。

- 补充要点 -

花艺的作用

1. 塑造个性。将花艺的色彩、造型、摆设方式与空间及业主的气质品位相融合，可以使空间或幽雅，或简约，或混搭，风格变化多样，极具个性，激发人们对美好生活的追求。

2. 增添生机。在快节奏的城市生活环境中，人们很难享受到大自然带来的宁静、清爽，而花卉的使用，能够让人们在室内空间环境中，贴近自然，放松身心，舒缓心理压力和消除紧张的工作所带来的疲惫感。

3. 分隔空间。在装饰过程中，利用花艺的摆设来规划室内空间，具有很大的灵活性和可控性，可提高空间利用率。

第四节　灯饰灯具的搭配

一、考虑灯饰的风格

搭配多种灯饰时要考虑风格统一的问题，避免各类灯饰在造型上相冲突，可以通过色彩或材质等因素将两种及以上灯饰和谐搭配（图7-8）。

二、灯的装饰效果

各类灯饰在一个空间里要互相配合，若灯具较多，应尽量选择相互匹配的，以保持空间整体风格协调一致；如果面积较大，可利用灯具对区域进行适当划分，例如，安装暖色吊灯营造空间温馨氛围，安装射灯、筒灯等改变空间采光效果等（图7-9）。

三、突出灯饰的饰品

在各种形式的灯饰造型中，如果想突出饰品本身而使其不受灯饰的干扰，可以将灯饰的高度降低，选择大小适中的灯具。例如，在较高的空间，灯饰

（a）捕梦网灯具

（b）镂空灯具

（c）藤编灯具

图7-8　灯具

图7-8（a）：捕梦网与灯具的结合，再次满足了少女心中的公主梦，放置在卧室中非常梦幻。

图7-8（b）：镂空灯具能带给人很大的惊喜感，从缝隙中透出来的光影图案，令人眼前一亮。

图7-8（c）：藤编的灯具给人以亲切感，蜿蜒下落的造型非常优美，放置在一角极具艺术感。

垂挂也应较长；角落的装饰品，可以将小型灯具一起陈列；墙面的挂饰品，可以选择射灯或壁灯等，体现了现代简约风格的特点（图7-10）。

四、明确灯饰的作用

选择灯饰首先要确定灯饰在空间里起到的作用，然后考虑灯具的风格特征、造型、灯光颜色等，这些都是能够影响整体空间氛围的重要性作用点（图7-11）。

图7-9 娱乐空间灯饰

图7-10 利用灯饰突出饰品

图7-9：在娱乐空间里，其灯饰往往非常具有创意，无论颜色还是造型的选择都非常大胆，目的在于装饰，而照明则使用筒灯来完成。

图7-10：按传统手法，可以将饰品和台灯一起陈列在桌面上，突出饰品的装饰性。

（a）精美的吊灯

（b）纸雕台灯

图7-11 灯饰的作用

图7-11（a）：精美的吊灯，往往是客厅的首选。端庄大气的风格，会给人留下深刻印象。

图7-11（b）：这款台灯以装饰为主，照明为辅。未开灯时，能看到精美的纸雕工艺品。

第五节　软装饰品选配案例赏析

一、明亮的酒吧灯饰配置

酒吧环境在色彩的选择上，可以艳丽，也可以低调，灯光、音乐、屏幕等都要富有个性，让人置身其中，能够感受到一场不一样的视听盛宴（图7-12~图7-14）。

选择深色作为背景色，再点缀以浅色，与之形成强烈对比。

在灯光的照射下，光线投射在酒吧的器皿上，增强了立体感。

图7-12　整体灯光布局

摆在酒架上的各种年份的红酒，整齐排列后，就像是整个空间的装饰品，呈现出十分和谐的画面。

酒吧的墙面为浅色，家具也大多为浅色，且材质为木质，质朴中透露出温馨浪漫的感觉。

酒吧整体的色调温馨浪漫，通常浅色系使用较多，但也不是单纯的颜色拼凑。铁艺造型的灯具，赋予了酒吧怀旧、复古的气息。

图7-13　装饰灯具效果

球形吊灯富有情调，点点灯光投射在酒桶制成的桌子上，有一种浪漫的氛围，让人仿佛置身于星空下，畅所欲言。

酒吧包间，更要具有亲和力。包间的桌椅设计也可以融入一些富有创意的元素，可以去市场上寻找，也可以充分发挥自己的聪明才智，设计出独一无二的，专属于自己的桌椅。

图7-14 酒吧包间灯光色彩

二、粉色的阁楼软装饰品

粉红色是整个空间的色彩基调。一进入房子的阁楼，就会被房间中央的粉红色沙发所吸引，沙发旁有绿色天鹅绒椅子、凳子和两张咖啡桌，墙上的两幅蓝色的油画与粉色舒适的沙发形成对比（图7-15～图7-18）。

抽象装饰画赋予了客厅个性化的风格，与轻奢风格十分搭配。

粉色的布艺沙发呈现出粉红色的气息，不免勾起回忆。

蓝色绒面的单人沙发椅，透露出典雅与高贵的气息，与金属框架茶几完美搭配。

图7-15 抽象装饰画与家具搭配

镶嵌在墙上的壁灯，将柔和的灯光打在小茶几和沙发上，双向灯光设计十分别致。

落地灯采用了与壁灯同一系列设计，倾斜的三脚架设计，仿佛随时都会倾倒，但实际上十分稳固。

图7-16　灯饰风格营造

图7-17　镜面装饰门

图7-18　水粉装饰画

图7-17：阁楼的层高与面积较小，通过镜面的反射效果，能够在视觉上达到拉伸空间层高、扩大面积的效果。

图7-18：一幅超大的水粉画作为办公桌的背景，阁楼天窗投下来的阳光，一部分被遮挡；另一部分进入室内，营造出悠闲的氛围。

本章小结

本章通过对软装中的工艺品进行分类讲述，突出了每一种类工艺品的作用、装饰效果。在软装设计中，工艺品是调节空间氛围，抒发使用者情感的枢纽，能够起到良好的装饰与情感寄托作用。因此，熟知装饰品的种类与搭配技巧，能够带来意想不到的效果。

课后练习

1. 按照材质不同，装饰摆件可分为哪几大类？
2. 装饰摆件应按照什么原则进行摆放？
3. 常见的装饰画种类有哪些？
4. 不同空间的花艺绿植应当如何选配？
5. 软装设计中，灯饰有哪些作用？
6. 如何依照空间的大小来布置灯具的数量？
7. 在软装设计中，如何协调装饰品的美观性与实用性？
8. 请简要阐述中式风格与欧式风格装饰摆件有何不同之处。
9. 以表格的形式，将八大风格的工艺品、绿植进行分类排序。
10. 以北欧风格为例进行软装饰品搭配，并配上文字说明。

第八章

软装配饰制作方法

学习难度：★★★★☆
重点概念：制作材料、工具、流程、保养、维护

PPT课件

章节导读

软装配饰手工制作能够给人带来乐趣，独一无二的制作手法与色彩，让手工艺术品的价格无法估量。本章通过对手工艺术品选材、制作、装饰等方面的介绍，从最基础的手工技艺开始讲解，让DIY手工艺术品进入日常生活中。

第一节　软装工艺品的制作基础

一、工艺品的种类

工艺品来源于人们的生活，是有一定艺术属性的，能够满足人民群众日常生活所需，是具有装饰、使用功能的商品。工艺品的种类很多，适合大多数空间摆放的饰品如图8-1所示。

二、常见的制作难点

很多工艺品都可以手工制作，目前，自己动手制作工艺品时，一般会遇到材料来源、制作工具、制作技术这三个方面的难点。

1. 材料来源

偶尔在专卖店里看中某件工艺品，但是高昂的价格却令人望而却步，想自己动手仿制，又不知道从什么地方获取材料，如金属、玻璃等材料必须经过工厂专用机械加工才能获取，但可以采用其他材料替代。

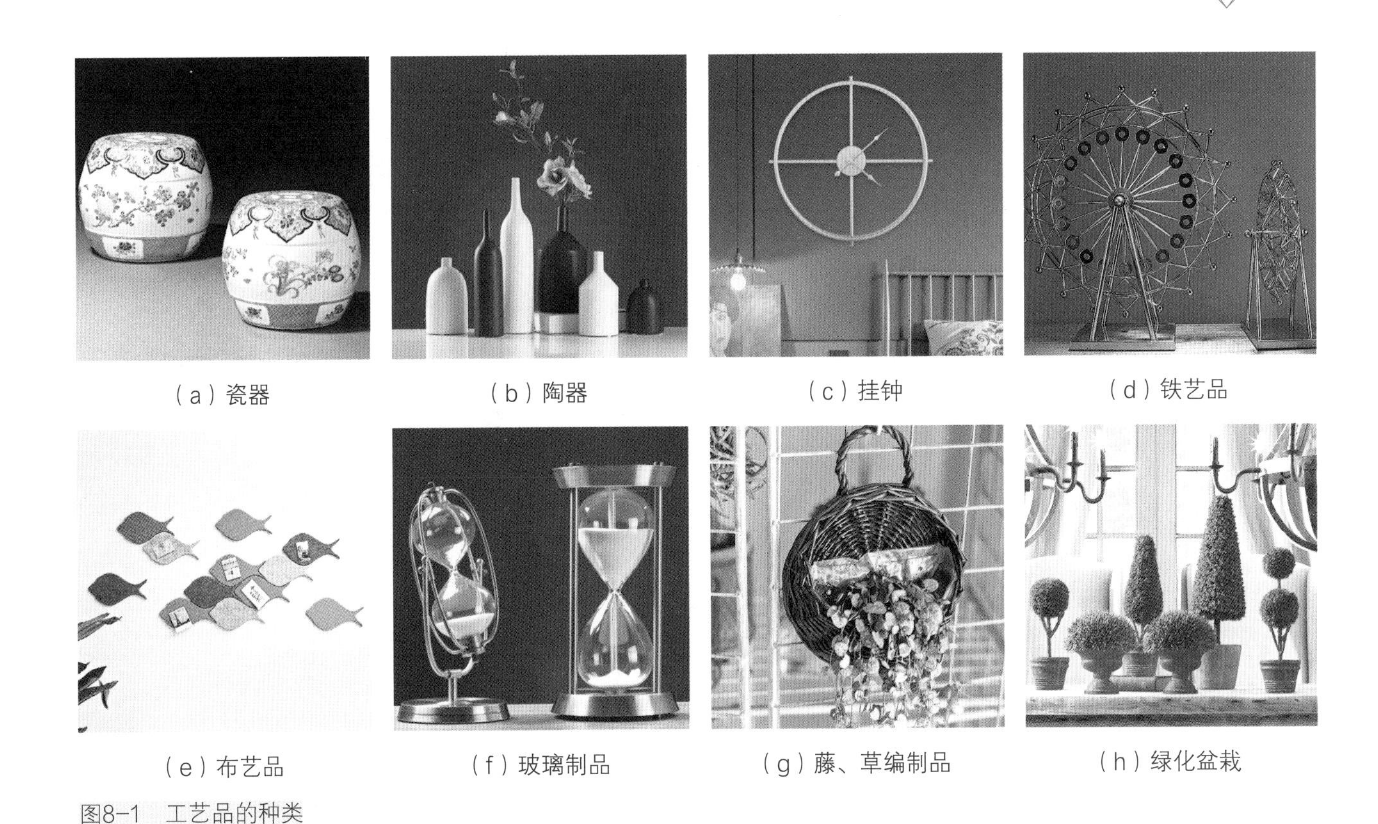

（a）瓷器　（b）陶器　（c）挂钟　（d）铁艺品

（e）布艺品　（f）玻璃制品　（g）藤、草编制品　（h）绿化盆栽

图8-1　工艺品的种类

带有反光饰面的纸板、易拉罐等物品具有不锈钢的质地，或在制作完成的饰品表面喷涂金属漆。玻璃价格低廉，可以到装修市场上的专卖店裁切购买，也可以在美术用品商店购买有机玻璃板来替代，这样加工起来会更安全。

2. 制作工具

常见的工艺品制作工具如图8-2所示。

（a）基础工具　（b）重型工具　（c）器械设备

（d）固定耗材　（e）连接耗材　（f）收纳容器

图8-2　工艺品制作工具

图8-2（a）：剪刀、美工刀、胶带、笔、纸、线等是最基本的饰品制作工具。

图8-2（b）：锤子、钳子、螺丝刀等工具主要用于硬质材料的加工、改造。

图8-2（c）：木工锯、钢锯、电钻可以根据条件适当配置，也可以到五金店租赁。

图8-2（d）：搜集一些钉子，品种越多越好，用于饰品主体结构支撑与固定。

图8-2（e）：强力万能胶、502胶、成品腻子、砂纸、木料用于饰品修补、打磨。

图8-2（f）：配置整理箱与工具箱，将各种材料、工具收集起来。

3. 制作技术

工艺品的制作技术很多，也有许多窍门，但这些都是依靠多次实践积累下来的。一般而言，自己动手制作一件工艺品可以分为以下步骤。

（1）拟订制作计划书，考察市场上的同类工艺品，分析其中的材料与构造，将必备的材料、获取渠道、开销等信息列出来，通过多方比较，如认为手工制作比较划算，且最终质量相差不大就可以着手实施。

（2）通过各种方式获取制作材料，如到商店购买、在路边拾捡、向亲友寻要，甚至拆卸一些废旧的生活用品，并根据制作要求对材料进行加工。

（3）通过粘接、钉接或连接件固定等方式逐个组装各种材料。自重较大的饰品可以先固定底座，再从下向上制作。自重较小的饰品可以先进行表面装饰，再固定到基层构架上。

（4）根据需要，给初步完成的饰品进行表面处理，如打磨抛光、喷涂油漆、装裱边框等。这样，一件令人神往的DIY饰品就完成了。

第二节　软装配饰制作

一、十字刺绣制作工艺

十字绣是用专用的绣线和十字格布，利用经纬交织的搭十字的方法，对照专用的坐标图案进行刺绣，任何人都可以绣出同样效果的一种刺绣方法，是当今比较流行的工艺品。无论是绣线、面料的颜色还是材质、图案等，都别具匠心，将精美的刺绣作品呈现在生活中的方方面面。

1. 工具与材料

一件完整的十字绣产品包装内包含基层绣布、彩线、绣针、图纸等材料，其中，针的选用是绝对必要的，针眼的大小、针尖的形状，以及针的长度，在选针时都必须加以考虑。主要有两种针：一种是双线针，有较长的针孔，适用于中小型精细作品；另一种是针尖圆钝、不易戳穿布面的短粗针（钝针）。另外，还有画十字绣布用的水性笔，没有水性笔的情况下也可选择铅笔，但铅笔不容易洗掉，毕竟不是专业的十字绣工具。此外，可选用的工具还有绣架、绷子、绕线板、小剪刀、拆线器等。

2. 制作要领及步骤（图8-3、图8-4）

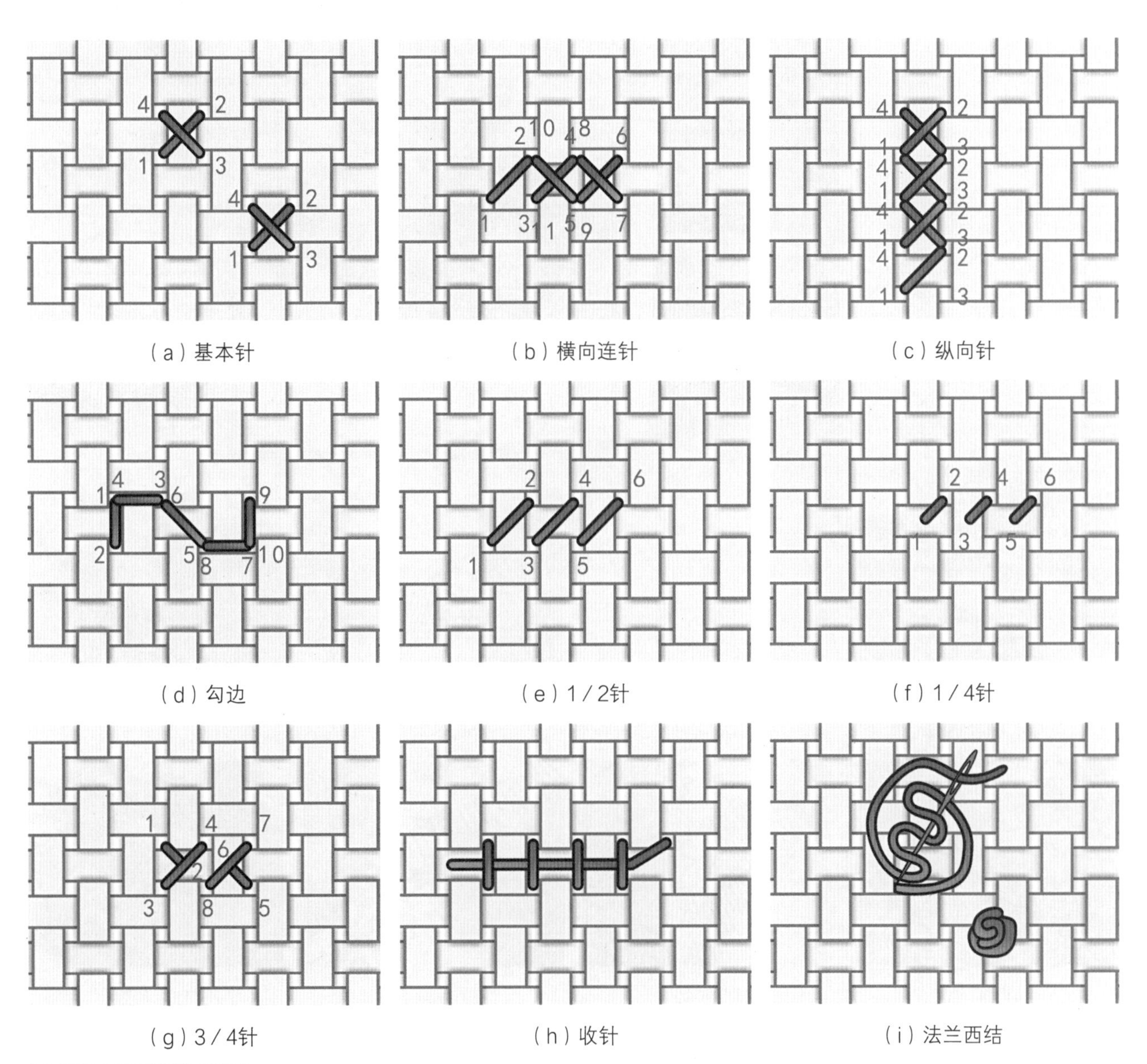

（a）基本针　（b）横向连针　（c）纵向针

（d）勾边　（e）1/2针　（f）1/4针

（g）3/4针　（h）收针　（i）法兰西结

图8-3　十字绣编织要领

图8-3（a）：一幅作品中线交叉的方向应当一致，不同色彩应当区分开。

图8-3（b）：横向同色连续图案，先向右绣1/2针再返回来，可以保持一致。

图8-3（c）：纵向连续的情况下，每个单元绣成十字形状再向下绣。

图8-3（d）：沿着边绣或穿过四角绣对角线，用线量要适当减少。

图8-3（e）：采用绣基本针一半的方法，用于表现投影效果时使用。

图8-3（f）：从格子中心扎过去绣1/4针，常用于表现圆形图案。

图8-3（g）：从格子中心扎过去绣1/4针，再绣1/2针后即可。

图8-3（h）：开始或结束时都不要打结，线头穿过背面，相互压住不纠缠即可。

图8-3（i）：用线将针缠两次后抓紧线，将针从穿上来的位置再穿下去。

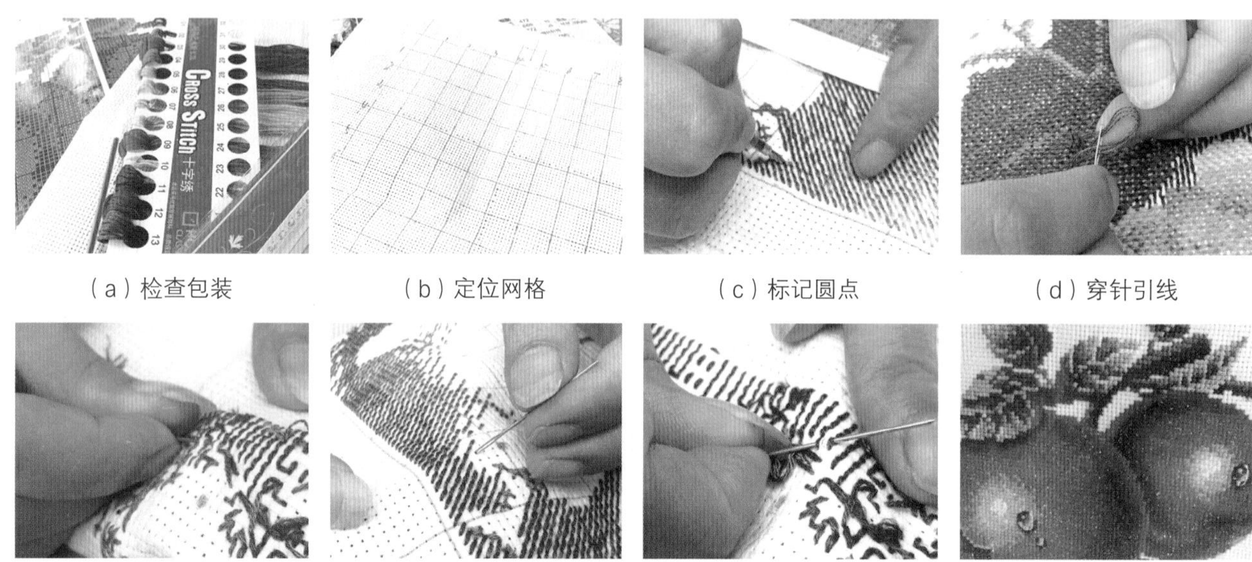

（a）检查包装　（b）定位网格　（c）标记圆点　（d）穿针引线

（e）打结　（f）拉线　（g）挑针　（h）完工

图8-4　十字绣制作步骤

- 补充要点 -

十字绣保养方法

清洗完的绣布挂在通风处晾干，注意不要放在阳光下暴晒，当绣布还有两三成湿时，用熨斗从背布熨平。最后，可以使用保护绣布的胶带将边缘粘起来。注意切勿保存在潮湿环境中，尽量避免阳光直射、严禁挤压，尽量把绣品卷成一卷保存在专业的画筒中，注意防火防虫。

二、餐巾的折叠技巧

1. 餐巾浆洗与消毒（图8-5）

（1）浆洗。对新购的餐巾要进行浆洗，因为布料是软的，在折叠时很难成型，先在锅中烧水，待水开后加入适量淀粉（生粉）勾芡，搅拌成黏稠状，再加入适量冷水稀释，将新餐巾放入其中搅拌、揉搓，使胶质均匀散布在餐巾上，捞起晾干，再用熨斗烫平即可。

（2）消毒。对餐巾进行消毒清洗，可以采用厨房消毒液或带消毒功能的洗洁剂清洗餐巾，晾干后即可折叠使用。在生活中使用的餐巾，浆洗周期一般为1～2个月，而每次就餐后必须消毒，更多的餐巾折叠后会与装饰性较好的餐具一同摆放在装饰酒柜中进行展示，只在使用前消毒即可。

热水浸泡，加淀粉揉搓

在阴凉处晾干

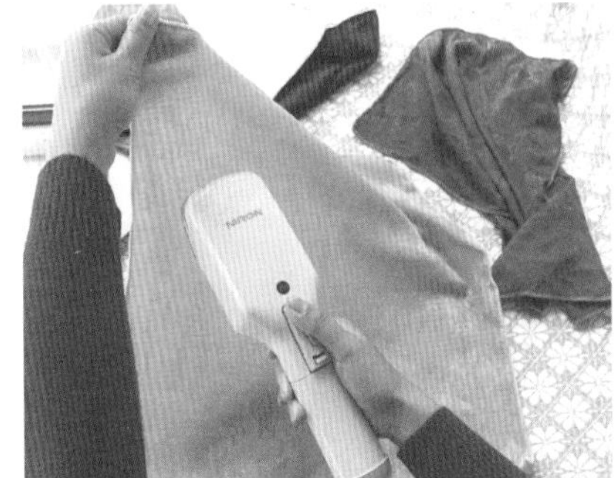

将餐巾烫平

（a）餐巾浆洗

加入适量消毒液浸泡30分钟

简单搓洗，即可取出晾干

未完全干燥时展平

（b）餐巾消毒

图8-5　餐巾浆洗与消毒方法

2. 餐巾折叠步骤（图8-6）

根据个人喜好，对照本节图示内容，将餐巾折叠到位即可，折叠之前要洗手，折叠后要在8小时内就餐使用，避免二次污染，如果放置在酒柜中陈设，可以适当采用小夹子、大头针或回形针固定。

（a）餐巾对折

（b）左右两角向上折叠

（c）将底端边角向上折叠40%

（d）左右向后翻转折叠、穿插

（e）翻正、调整并对齐到底边上

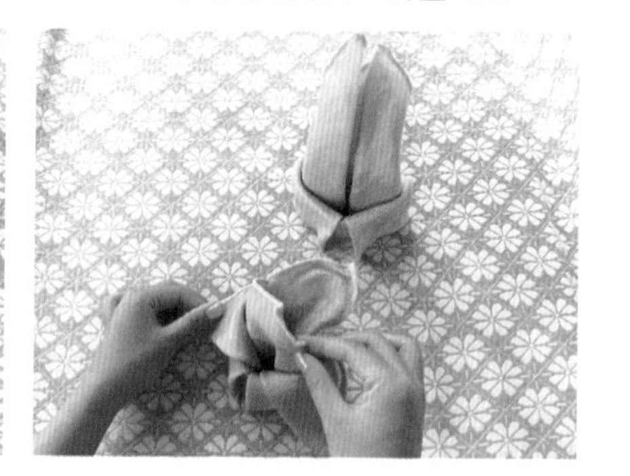

（f）树立餐巾造型，前后左右拉开

图8-6　餐巾的折叠技巧

三、艺术插花的流程

1. 插花容器

插花常用容器一般有花瓶和花篮两类，其中陶瓷和玻璃花瓶色彩素雅、样式新颖，长久盛水不易腐臭；塑料花瓶质轻耐用，但缺少自然美，而且瓶水易腐。使用花瓶时最好在瓶口设置井字架，用于固定花枝，矮小的花枝宜用花篮，并采用花泥来固定。

此外，花瓶的颜色以雅淡为宜，如果只有深色的花瓶，就要插浅色的或是花朵细小的鲜花。

2. 选花方法

挑选花材时，花色应鲜艳，花瓣应有弹力。花枝越长越新鲜，为保持新鲜，提高吸水性能，花店每天都要将鲜花枝茎的下端剪去一段，其后要观察花材的整体形态，凡是花瓣叶面稍有枯萎、发黄或浸入水中的花茎呈褐色、黑色，说明其新鲜度差，不宜购买。还可以用手触摸水中的花枝及枝茎部分，有滑溜溜的感觉，说明花枝已留放了5~6天，新鲜度差，则不可取；花朵大部分全开，或花型过小都不宜购买，其中花型过小可能是将外围残缺的花瓣去除所致。

当然，插花的材料不仅限于活的植物材料，有时某些枯枝及干的花果等也具有美丽的形态和色泽，同样可以使用。只要具备观赏价值，能水养持久或本身较干燥，无需水养也能观赏较长时间的花卉，都可以剪切下来用于插花。有很多经过加工的干花，也是很好的插花材料，它们虽然没有鲜花那样水灵和富有生机，但却具有独特的自然色泽和质地，或被加工成独特的色彩。

另外，还有各种质地的人造花，如绢花、塑料花、纸花、金属花等，用它们做成的插花作品摆放在居室中，既能起到花卉的装饰作用，又易于管理。

– 补充要点 –

插花保鲜的方法

1. 每隔一两天，用剪刀修剪插花的末端，使花枝断面保持新鲜，可以使花枝的吸水功能保持良好状态，延长插花寿命。也可以将花枝末端用火烧一下，使花枝末端20～30mm处变色后及时浸入冷水中，再插进花瓶，这种方法既可以起到消毒新鲜伤口的作用，又可以增强吸水功能，适用于花枝茎较硬的鲜花，如梅花、桃花、蔷薇花、芙蓉花、白兰花等。还可以将花枝末端20～30mm放进开水中浸烫约2分钟后，立即将它浸到冷水中，再插进花瓶，这种方法适用于花枝茎质较柔软的鲜花，如郁金香、大丽花、牡丹花等。

2. 可以给花瓶内加入适量盐，搅拌均匀后将鲜花插进去，这种方法适用于喜碱性的山茶花、水仙花等。也可以在插花前先在瓶中加少许白糖，搅拌均匀后，再将鲜花插进去，这种方法适用于富含糖质的百合花、桔梗花等鲜花。

3. 插花步骤

插花步骤如图8-7、图8-8所示。

（a）成品图

（b）采集、购买适量鲜花

（c）筛选、剪枝

（d）修整花型

（e）调整花束造型、固定花束

（f）插入花瓶中，再次调整、修剪花型

（g）花瓶中加入糖水，放置在合适位置

图8-7 艺术插花的步骤

（a）成品图

（b）采集、购买适量鲜花

（c）篮内铺上保鲜袋，防止漏水

（d）篮内放置填充棉，并注水膨胀

（e）用鲜花、枝叶先插出基本轮廓

（f）根据轮廓将鲜花全部插入

（g）修剪出花型，摆在适当位置

图8-8　花篮插花的步骤

- 补充要点 -

插花的种类

1. 鲜花插花。全部或主要采用鲜花进行插制。它的优点是具有自然花材之美、色彩绚丽、花香四溢，饱含真实的生命力，有强烈的艺术魅力，应用范围广泛。其缺点是水养不持久，费用较高，不宜在暗光下摆放。

2. 干花插花。全部或主要用自然的干花，或采用经过加工处理的干燥植物材料进行插制。其优点是既不失原有植物的自然形态美，又可随意染色、组合，插制后可长久摆放，管理方便，不受采光的限制。其缺点是怕强光长时间暴晒，也不耐潮湿的环境。

3. 人造花插花。所用花材是人工仿制的各种植物材料，包括绢花、涤纶花等，有仿真性的，也有随意设计和着色的，种类繁多。人造花大多色彩艳丽、变化丰富、易于造型、便于清洁，可以较长时间摆放。

四、剪贴挂画的制作步骤

剪贴挂画是由各种材料剪贴而成的一种特殊的画。材料大多选用日常生活中的常见品或废弃品，属于现代环保艺术品。制作剪贴挂画有取材容易、制作方便、变化多样等特点，是一种深受乐于自己动手制作的人（DIY者）喜爱的工艺美术项目。

剪贴挂画通过独特的制作技艺，巧妙地利用材料和性能，对它们进行任意组合，充分展示了材料的美感，使整个画面具有强烈的装饰效果（图8-9）。

1. 材料与工具

剪贴挂画的材料无处不在，随手可得的材料有板材、纸张、树叶、干质食品等，所用工具一般为剪刀、美工刀、普通胶水、502胶、强力万能胶、双面胶等。剪贴挂画的制作工艺比较简单，最重要的是前期创意和后期装裱。

2. 制作流程

（1）寻找中意的剪贴画或其他美术作品作参考，根据制作规格和基层板材的规格来构思草图，经过反复斟酌、修改后即可根据创意准备材料。

（2）将较厚的彩色硬纸板粘贴在基层板材上，基层板材可以选用装修剩余的15mm厚木芯板、9mm厚胶合板，甚至是300mm×300mm或300mm×450mm的瓷砖。只要是边角平整，不易变形的材料都能作为基层板材。

（3）将准备好的彩色纸张、树叶或干质食品分别使用普通胶水、双面胶、502胶粘贴到基层纸板上。其中树叶要晾晒干燥再压平，干质食品不能受潮浸水，可以喷涂一层清漆保持光泽效果。

（4）将完成的作品尽快镶框装裱起来，装裱时要密封处理，防止内部材料受潮。用于装点环境的剪贴挂画要选择典雅、精致的图案，可以先制作一些幅面较小的作品，待熟练后再制作较大幅面的作品，如果想降低成本，可以做成无框剪贴挂画，只要表面喷上一层封闭漆即可。

（a）成品图

（b）购买材料

（c）剪下树叶，在书中压2～3天

（d）用铅笔在瓷砖上绘制幅面大小

图8-9 剪贴挂画的制作步骤

（e）将树叶在瓷砖上摆出造型

（f）使用502胶粘贴八角奎

（g）使用502胶粘贴各色豆类

图8-9　剪贴挂画的制作步骤（续）

第三节　饰品的保养方法

一、树脂饰品的保养与除尘

室内温度不稳定或温差过大都容易损坏树脂饰品，过于干燥和潮湿的环境都不利于树脂饰品的收藏。树脂工艺品的特点是易碎，易受尘埃、紫外线等侵害，造成树脂表面颜色发生变化，所以树脂产品应定期除尘，可以用鸡毛杆系穿孔毛巾擦拭，如果树脂饰品有污点可以用酒精或碧丽珠护理剂擦洗（图8-10～图8-12）。另外，还要防止和减少强光对饰品的照射。

二、布艺窗帘的保养与清洗

布艺窗帘的造型多变且易于更换，在营造与美化环境中起着决定性的作

图8-10　碧丽珠护理剂

图8-11　鸡毛掸子

图8-12　多孔隙抹布

用。清洗布艺窗帘时绝不能用漂白剂，尽量不要脱水和烘干，以免破坏窗帘本身的质感（图8-13）。

普通布料窗帘可用湿布擦洗，但易缩水的面料还是尽量干洗；帆布或麻布制成的窗帘最好用海绵蘸些温水或肥皂溶液抹擦，待晾干后卷起来即可；天鹅绒窗帘清洗时应先将窗帘浸泡在中性清洁液中，用手轻压、洗净后放在架子上，让水自动滴干，这样会使窗帘洁净如新；静电植绒布制成的窗帘（遮光面料），不太容易脏，无需经常清洗，只需用棉纱布蘸上酒精或汽油轻轻擦拭就行了，不能用力拧绞，以免绒毛脱落，影响美观。

三、藤制饰品的保养与除虫

藤制饰品可以衬出环境的低调奢华，但是它容易受潮，不耐高温，易导致弯曲裂开，使用时要避免阳光暴晒，避免将高温的吹风机、电熨斗等直接放在藤制家具上，切勿让藤椅脚与潮湿的地面接触（图8-14）。

在藤制饰品的空隙里，时常积聚一些肉眼可见的灰尘及棉屑，应用刷子小心擦除，再用洗剂擦洗。如果发现藤器上有污迹，可以用肥皂水拭擦。当藤条掉落时，可以用万能胶或透明胶纸紧紧粘贴，虫蛀的洞孔需用注射器注入杀虫剂。

四、木雕饰品的保养与清洁

木雕饰品不宜放置于明火、火墙、火炕、火炉的附近，不宜长时间放在烈日下暴晒，否则容易开裂。也不宜放置在特别潮湿或特别干燥的室内，在很潮湿的环境里，部分木雕工艺品就会长“毛”，例如，绿檀工艺品就会吐出银白色的丝，在太干燥的环境，有的木雕工艺品可能会出现局部开裂的现象，在摆放的时候要特别注意。

平时可根据室内洁净与否，经常用干棉布或鸡毛掸子将木雕工艺品上的灰尘掸去，以显示其自然之美，如果发现木雕饰品的光泽不好，可以用刷子将上光蜡涂于木雕工艺品的表面，用抹布擦一下抛光即可。也可以用纯棉毛巾蘸一些核桃仁油轻轻擦拭木雕饰品的表面，切忌用带水的毛巾擦拭，这样会使木雕饰品过于潮湿，伤害饰品（图8-15）。

五、玻璃饰品的保养与维护

用玻璃制作的工艺品固然漂亮（图8-16），但也要小心呵护，平时不要用力碰撞玻璃表面，为防玻璃面刮花，最好铺上台布。有花纹的磨砂玻璃一旦脏了，可用蘸有清洁剂的牙刷，顺着图样打圈擦拭去除即可。

图8-13　布艺窗帘

图8-14　藤制饰品

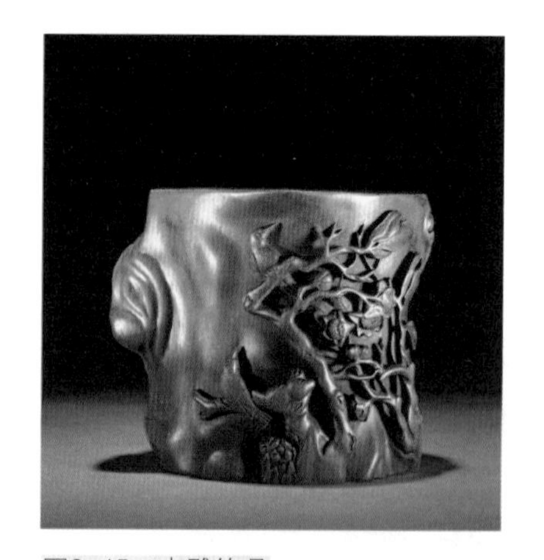

图8-15　木雕饰品

图8-13：目前使用较多的卷帘或软性成品帘，可以用抹布蘸些温水溶开的洗涤剂或少许氨溶液擦拭。

图8-14：藤椅坐久了会下陷，可用水洗透后，置于室外晾干，自然平整如新。藤制品经过长时间使用后，会逐渐变成米黄色或更深的颜色，如想恢复原色，可用草酸来漂白。

图8-15：木雕饰品不宜用带水的毛巾擦拭，宜用含蜡质的，或含油脂的纯棉毛巾擦拭为佳。

玻璃家具最好安放在一个较固定的位置，平稳放置（图8-17），不要随意移动，沉重物件应放置在玻璃家具底部，防止家具重心不稳造成翻倒。另外，要避免潮湿，远离炉灶，要与酸、碱等化工试剂隔绝，防止腐蚀变质。

保养玻璃饰品时，最好将玻璃全面喷上清洁剂，再贴上保鲜膜，使凝固的油渍软化，待10分钟后，撕去保鲜膜，再以湿布擦拭即可。要想保持玻璃光洁明亮，必须经常动手清洁，玻璃上若有笔迹，可用橡皮浸水摩擦，再用湿布擦拭；玻璃上若有油漆，可用棉花蘸热醋擦洗；用清洁干布蘸酒精擦拭玻璃，可使其亮如水晶。

图8-16　磨砂玻璃花瓶

图8-17　钢化玻璃茶几

图8-16：可以在玻璃上滴煤油或用粉笔灰和石膏粉蘸水涂在玻璃上晾干，再用干净布或棉花擦拭，这样玻璃既干净又明亮。

图8-17：使用保鲜膜和喷有洗涤剂的湿布也可以让沾满油污的玻璃光亮如新。

本章小结

本章主要讲述了手工艺品的制作流程与制作方法，通过手工实践的方式，对前面七章的知识进行实地检验，带领读者通过亲自动手，感受软装设计带来的成就感。通过对本书的系统化学习，希望读者能够形成自己的软装设计风格，善于发现软装细节，注重对每一个细节的氛围营造。

课后练习

1. 请详细概述软装饰品的种类。
2. 手工制作工艺品存在哪些难题?
3. 简单易学、容易制作的工艺品有哪些?
4. 常见的工艺品制作工具可分为哪几类?
5. 为什么餐巾必须在折叠后的8小时之内使用?
6. 艺术插花如何选择合适的花种与花瓶?
7. 快速编织十字绣的要领是什么？需要注意哪些细节?
8. 在插好的鲜花中加入糖水的原理是什么？所有的鲜花插花都能够加入糖水吗?
9. 布艺饰品与藤类饰品的保养方式有何不同？应注意哪些问题?
10. 纯手工制作一件工艺品，题材不限，材料自定，要求能表现出地域特色。

[1] 格思里. 室内设计师便携手册[M]. 北京：中国建筑工业出版社，2008.

[2] 艾玛·布洛姆菲尔德. 家居软装设计五要素：教你完美装饰自己的家[M]. 沈阳：辽宁科学技术出版社，2019.

[3] 霍维国. 中国室内设计史[M]. 北京：中国建筑工业出版社，2007.

[4] 凤凰空间·华南事业部. 软装设计风格速查[M]. 南京：江苏人民出版社，2012.

[5] 建E室内设计网. 软装设计素材与模型图库[M]. 北京：化学工业出版社，2019.

[6] 严建中. 软装设计教程[M]. 南京：江苏人民出版社，2013.

[7] 何景，等. 软装设计必修课[M]. 沈阳：辽宁科学技术出版社，2018.

[8] 简名敏. 软装设计师手册[M]. 南京：江苏人民出版社，2011.

[9] 曹祥哲. 室内陈设设计[M]. 北京：人民邮电出版社，2015.

[10] 漂亮家居编辑部. 图解软装陈列设计[M]. 武汉：华中科技大学出版社，2018.

[11] 郑曙旸. 室内设计程序[M]. 北京：中国建筑工业出版社，2011.

[12] 潘吾华. 室内陈设艺术设计[M]. 北京：中国建筑工业出版社，2013.